岭南建筑文化与美学丛书·第二辑

唐孝祥　主编

惠州建筑文化与美学

赖　瑛　著

中国建筑工业出版社

图书在版编目（CIP）数据

惠州建筑文化与美学／赖瑛著. —北京：中国建
筑工业出版社，2024.1
（岭南建筑文化与美学丛书. 第二辑／唐孝祥主编）
ISBN 978-7-112-29514-2

Ⅰ.①惠… Ⅱ.①赖… Ⅲ.①建筑艺术—研究—惠州
Ⅳ.①TU-862

中国国家版本馆CIP数据核字（2023）第252692号

惠州坐落于广东省中南部，是东江流域的政治、经济、文化中心，是粤港澳大湾区的重要节点城市。惠州因其优越的自然地理条件和人文社会条件，孕育出独特的建筑文化，形成了有别于广东省其他地区的建筑审美文化特征。本书以惠州建筑文化与美学为研究对象，采用建筑史学与建筑美学相结合的交叉综合研究法，以"文化地域性格"理论为根基，探讨惠州建筑的发展演变及其动因，提炼出惠州建筑的审美文化属性，以期深化岭南建筑历史、岭南建筑文化与岭南建筑美学理论研究，为惠州建筑遗产的保护利用工作提供参考。

责任编辑：唐　旭
文字编辑：陈　畅
书籍设计：锋尚设计
责任校对：赵　力

岭南建筑文化与美学丛书·第二辑
唐孝祥　主编
惠州建筑文化与美学
赖　瑛　著

*

中国建筑工业出版社出版、发行（北京海淀三里河路9号）
各地新华书店、建筑书店经销
北京锋尚制版有限公司制版
北京中科印刷有限公司印刷

*

开本：787毫米×1092毫米　1/16　印张：13　字数：264千字
2024年5月第一版　　2024年5月第一次印刷
定价：**58.00**元
ISBN 978-7-112-29514-2
（42254）

　　岭南一词，特指南岭山脉（以越城、都庞、萌渚、骑田和大庾之五岭为最）之南的地域，始见于司马迁《史记》，自唐太宗贞观元年（公元627年）开始作为官方定名。

　　岭南文化，历史悠久，积淀深厚，城市建设史凡两千余年。不少国人艳羡当下华南的富足，却失语于它历史的馈赠、文化的滋养、审美的熏陶。泱泱华夏，四野异趣，建筑遗存，风姿绰约，价值丰厚。那些蕴藏于历史长廊的岭南建筑审美文化基因，或称南越古迹，或谓南汉古韵，如此等等，自成一派又一脉相承；至清末民国，西风东渐，融东西方建筑文化于一体，促成岭南建筑文化实现了从"得风气之先"到"开风气之先"的良性循环，铸塑岭南建筑的文化地域性格。改革开放，气象更新，岭南建筑，独领风骚。务实开放、兼容创新、世俗享乐的岭南建筑文化精神愈发彰显。

　　岭南建筑，类型丰富、特色鲜明。一座座城市、一个个镇村、一栋栋建筑、一处处遗址，串联起岭南文化的历史线索，表征岭南建筑的人文地理特征和审美文化精神，也呼唤着岭南建筑文化与美学的学术探究。

　　建筑美学是建筑学和美学相交而生的新兴交叉学科，具有广阔的学术前景和强大的学术生命力。"岭南建筑文化与美学丛书"的编写，旨在从建筑史学和建筑美学相结合的角度，并借鉴社会学、民族学、艺术学等其他不同学科的相关研究新成果，探索岭南建筑和聚落的选址布局、建造技艺、历史变迁和建筑意匠等方面的文化地域性格，总结地域技术特征，梳理社会时代精神，凝练人文艺术品格。

　　我自1993年从南开大学哲学系美学专业硕士毕业，后来在华南理工大学任教，便开展建筑美学理论研究，1997年有幸师从陆元鼎教授攻读建筑历史与理论专业博士学位，逐渐形成了建筑美学和风景园林美学两个主要研究方向，先后主持完成国家社会科学基金项目、国际合作项目、国家自然科学基金项目共4项，出版有《岭南近代建筑文化与美学》《建筑美学十五讲》等著（译）作12部，在《建筑学报》《中国园林》《南方建筑》《哲学动态》《广东社会科学》等重要期刊公开发表180多篇学术论文。我主持并主讲的《建筑美学》课程先后被列为国家级精品视频课程和国家级一流本科课程。经过近30年的持续努力逐渐形成了植根岭南地区的建筑美学研究团队。其中在"建筑美学"研究方向指导完成40余篇硕士学位论文和10余篇博士学位论文，在团队建设、人才培养、成果产出等方面已形成一定规模并取得一定成效。为了进一步推动建筑美学研究的纵深发展，展现团队研究成果，以"岭南建筑文化与美学丛书"之名，分辑出版。经过统筹规划和沟通协调，本丛书第一辑以探索岭南建筑文化与美学由传统性向现代性的创造性转化和创新性发展为主题方向，挖掘和展示岭南传统建筑文化的精神内涵和当代价值。第二辑的主题是展现岭南建筑文化与美学由点连线成面的空间逻辑，以典型案例诠释岭南城乡传统建筑的审美文化特征，以比较研究揭示岭南建筑特别是岭南侨乡建筑的独特品格。这既是传承和发展岭南建筑特色的历史责任，也是岭南建筑创作溯根求源的时代需求，更是岭南建筑美学研究的学术使命。

"岭南建筑文化与美学丛书·第二辑"共三部，即谢凌峰著《岭南地区与马来半岛现代建筑创作比较》，李岳川著《近代闽南侨乡和潮汕侨乡建筑审美文化比较》和赖瑛著《惠州建筑文化与美学》。

本辑丛书的出版得到华南理工大学亚热带建筑科学国家重点实验室的资助，特此说明并致谢。

是为序！

唐孝祥

教授、博士生导师

华南理工大学建筑学院

亚热带建筑科学国家重点实验室

2022年3月15日

惠州位于广东省中南部，素有"岭东雄郡""粤东门户"之称。它是粤东交通枢纽，也是东江流域的政治、经济、文化中心和粤港澳大湾区的重要节点城市。惠州因其优越的自然地理条件和人文社会条件，孕育出独特的建筑文化，形成了有别于广东省其他地区的建筑审美文化特征。惠州建筑是岭南建筑重要的组成部分，具有重要的历史价值、科学价值与艺术价值。学界多年来对其从不同视角展开研究工作，例如对惠州西湖规划设计的探讨、对惠州道教建筑营造的分析等，但对惠州建筑的发展历程仍缺乏系统梳理。本书以惠州建筑文化与美学为研究对象，旨在深化岭南建筑历史、岭南建筑文化与岭南建筑美学理论研究，为惠州建筑遗产的保护利用工作提供参考。

本书采用建筑史学与建筑美学相结合的交叉综合研究法，以"文化地域性格"理论为根基，探讨惠州建筑的发展演变及其动因，试图总结其营造智慧，提炼惠州建筑的审美文化特征。"文化地域性格"理论是在价值论美学的基础上形成的。价值论美学认为建筑美是生成的，而非预成的。建筑美是建筑审美客体的属性与建筑审美主体的需要在审美活动中相契合而生的一种价值。"文化地域性格"理论是价值论美学的成果之一，它认为岭南建筑有三个层面的文化内涵，即地域技术特征、社会时代精神与人文艺术品格。据此，笔者认为，具有惠州地域技术特征、社会时代精神与人文艺术品格的建筑，即可称之为"惠州建筑"。惠州历史悠久，有着丰富的建筑文化遗产，各时代、各民系、各区域的建筑又呈现出不同的审美文化属性。

本书前4章以惠州传统建筑文化与美学作为研究对象，分别探讨惠州传统建筑的地域技术特征、社会内涵与人文艺术品格。地域技术特征是指建筑为适应本土自然地理条件而产生的特点，主要表现为建筑对气候的适应、对地形地貌的适应以及对本土材料的运用三个方面。惠州属亚热带季风湿润气候区，以"湿、热、风"为主要气候特征。惠州传统聚落与建筑在遮阳隔热、防潮挡雨、采光通风方面都形成了独特的技术。惠州山环水绕、水陆相依，古城选址既要考虑防洪防御的需求，同时也需便于利用丰富的山水资源，从而形成沿江河、顺山势、依低丘环水、靠山沿海等选址类型。社会内涵是指在一定的政治、军事、外交等社会因素的影响下，建筑呈现出来的社会适应性特征。随着历史的发展，惠州城市格局由封闭防御走向商业繁荣。惠州是广东省内汉民族客家、广府、潮汕三大民系的交汇地，民系性格差异在传统村落布局和建筑空间营造等方面多有反映，并折射出宗法意蕴的不同诠释方式。人文艺术品格认为建筑承载着人们的性格特征、价值取向、精神追求、心理期盼与审美趣味。惠州传统建筑体现出天人合一的审美理想、民系交融的文化性格以及经世致用的价值取向，具有明显的人文适应性特征。地域技术特征、社会内涵、人文艺术品格三个维度，构成了惠州传统建筑的文化地域性格。

本书第5、6章主要探讨惠州近代建筑文化与美学、惠州现代建筑文化与美学。近代以来，惠州作为东江流域交通枢纽的作用日益突出，商贸往来频繁。在外来建筑文化的影响下，惠州城市格局、建筑类型、建筑形制、建筑材料与技术、建筑艺术方面都发生了较大的变化，建筑大多呈现出中西合璧的时代风貌，纪念性建筑、工商业建筑、教育建筑大量涌现。自中华人民共和国成立以来，尤其自改革开放以来，惠州市政府以"绿色化现代山水城市"为建设目标，重视城市景观建设和文化遗产保护，逐步打造"国家园林城市""国家环境保护模范城市""国家历史文化名城"等城市名片。在建设过程中，逐渐形成了一批具有较高文化品位的现代建筑作品，在建筑文化遗产保护、乡村民宿、文化景观创作方面都有优秀的经典案例。这些案例大大地丰富了惠州建筑审美文化。

目 录

第1章
惠州建筑文化与美学形成的背景概述

　　惠州坐落于广东省中南部，素有"岭东雄郡""粤东门户"之称，是粤港澳大湾区重要的节点城市，是东江流域的政治、经济、文化中心。惠州因其优越的自然地理环境和人文社会条件，孕育出独特的建筑文化。分析惠州建筑发展的背景，能够充分理解惠州建筑发展的动因，感受惠州建筑的独特魅力。

1.1 惠州自然地理环境条件

1.1.1 地理气候

惠州位于广东省中南部、珠江三角洲东北端、东江中下游，地处北纬22°24′~23°57′、东经113°51′~115°28′之间[①]。市境东西相距152千米，南北相距128千米。惠州市境北依九连山，南临南海，为粤东平行岭谷的西南段，地貌类型复杂。地势北、东部高，中、西部低，中部低山、丘陵、台地、平原相间，在丘陵、台地周围以及江河两岸有冲积阶地。北部和东部有天堂山、罗浮山、白云嶂和莲花山集结形成的中低山、丘陵，多为东北—西南走向，呈平行排列。境内海拔1000米以上的山峰有30余座，惠东莲花山海拔1336米，为全市第一高峰。中部和西部主要为东江、西枝江及支流侵蚀、堆积形成的平原、台地或谷地，主要有惠州平原、杨村平原和西枝江谷地。南部毗邻南海，海岸线曲折多湾，属山地海岸类型，岬角、海湾相间排列。

惠州水资源丰富，东江贯穿全境。东江，古称湟水或循江、龙江、龙川等，源头发自江西省寻乌县桠髻钵山，广东境内流经龙川、河源、紫金、惠阳、博罗等县境，至东莞石龙流入珠江三角洲网河区，再注入狮子洋，经虎门入海，干流全长562千米。东江主要支流西枝江，发源于紫金县南岭镇竹坳，干流长176千米，由东北向西南流，在惠州东新桥汇入东江。增江发源于新丰县七星岭，自北向南流，经从化、龙门、增城观海口入珠江三角洲网河区的东江北干流，全长206千米。

在气候特征上，惠州属亚热带季风湿润气候区，北回归线横贯博罗县杨村镇、龙门县麻榨镇，70%的境域处于北回归线以南，处于西南季风与东北季风的交汇处。日照时间较长，太阳辐射较丰富，气候温暖，雨量充沛，空气潮湿，四季常绿，属南亚热带季风气候。

1.1.2 区位环境

惠州处于粤东地区交通枢纽地带。《读史方舆纪要》称惠州"府东接长汀，北连赣岭，控朝海之襟要，壮广南之辅，展大海横前，群山拥后，诚岭南名郡也"[②]。一方面，惠州位于东江中游，借助东江重要的水路交通，沿东江上行可至河源、龙川，直至江西，下行至东莞、广州，成为北方南下移民翻越五岭之后到达珠江三角洲的重要路径之一，也一直是东江流域重要的经济、文化中心。另一方面，惠州位于省城广州与粤东之

---

① 惠州市地方志编纂委员会. 惠州市志[M]. 北京: 中华书局, 2008: 326, 375, 393.
② 顾祖禹. 读史方舆纪要[M]. 北京: 中华书局, 2005: 668.

间，借助陆路交通，由广州向东分为两条驿道：一条经惠州向东北通至梅州，直至江西或福建；另一条经惠州向东通至潮州，直至福建漳州、泉州等地。惠州是广东政治、经济、文化的核心区通往粤东的重要节点，南部沿海是东边潮汕地区与珠江三角洲地区的海运交通、移民流动的必经之地。

1.2 惠州区划历史沿革

惠州市的历史划分为秦至清代、近代和现代三个主要阶段，概述如下。

1.2.1 秦至清代区划

惠州在先秦时期为百越之地，直至秦始皇南平百越，置桂林、象郡、南海三郡，今惠州市境才开始列入全国行政区划。

秦始皇三十三年（公元前214年）置傅罗县，汉武帝平定南越国后改称博罗县，三国时吴国行政区划制度与汉相同，其县内区划情况未见记载。

晋咸和六年（公元331年），博罗县析置海丰县，晋咸康二年（公元336年）又析置欣乐、安怀两县，南朝齐永明元年（公元483年）析置罗阳县。南朝梁天监二年（公元503年），析南海、东官两郡地置梁化郡，辖欣乐、博罗、河源、龙川、雷乡等5县。梁天监六年（公元507年），怀安县并入欣乐县、罗阳县并入博罗县，梁化郡辖县依旧。南朝陈祯明二年（公元588年），欣乐县改名归善县。梁化郡辖归善、博罗、龙川、河源、雷乡（龙川县析置）等5县。

隋开皇九年（公元589年），废梁化郡置循州，州治归善，辖归善、博罗、河源、新丰、兴宁、海丰等6县。设循州总管府，初治龙川，翌年迁至归善。隋大业三年（公元607年）废循州，改置龙川郡，辖归善、博罗、海丰、河源、兴宁等5县。

唐武德五年（公元622年），龙川郡复名循州，辖循、潮（州）二州。循州领归善、博罗、海丰、安陆（海丰析置）、河源、石城（河源析置）、兴宁等7县。唐贞观元年（公元627年），龙川县并入归善县，罗阳县并入博罗县，齐昌县并入兴宁县，石城县并入河源县。循州辖归善、博罗、海丰、河源、兴宁等5县。武周天授元年（公元690年）废循州，置雷乡郡，辖归善、博罗、海丰、河源、雷乡（析兴宁县置）等5县。唐天宝元年（公元742年），改雷乡郡为海丰郡，郡治归善县，辖归善、博罗、海丰、河源、雷乡、兴宁等6县。唐乾元元年（公元758年）废海郡复循州，辖归善、罗阳（博罗县改）、海丰、河源、雷乡、齐昌（兴宁县省入）等6县。

南汉乾亨元年（公元917年），罗阳县复名博罗县。循州析置祯州，辖归善、博罗、海丰、河源4县。

宋代政区划分基本沿袭唐制。北宋开宝四年（公元971年）北宋灭南汉后，仍称祯州，辖4县不变。宋天禧四年（1020年），祯州改名惠州。宋宣和二年（1120年）赐惠州为博罗郡。宋绍兴三年（1133年）博罗郡复称惠州，仍辖4县。

元代实行行省辖路。元至元十六年（1279年）改惠州为惠州路，仍辖4县。元至元二十三年（1286年）循州路降为州，并入惠州路。惠州路因此加辖龙川、兴宁、长乐3县，共辖7县。元贞元年（1295年）长乐县改隶惠州路，元泰定元年（1324年）复隶循州。

明初政区因袭元制。明洪武元年（1368年），改惠州路为惠州府，辖归善、博罗、海丰、河源4县。洪武二年（1369年），撤销循州，其所辖龙川、兴宁、长乐3县并入惠州府。明正德十三年（1518年），析龙川、河源地置和平县，明隆庆三年（1569年）析归善、长乐地置永安县，析河源、翁源、英德3县地置长宁县，均属惠州府，惠州府辖10县。明崇祯六年（1633年），析河源、和平、长宁、翁源等4县地置连平州。惠州府辖归善、博罗、长宁、永安、海丰、龙川、长乐、兴宁、河源、和平等10县和连平州（领河源、和平两县）。

清代基本沿明制。清顺治三年（1646年）清军入主惠州后，惠州府所辖州县未变。清雍正九年（1731年），析海丰县坊廓、石帆、吉康3都置陆丰县，惠州府辖连平州和11县。雍正十一年（1733年）长乐、兴宁两县改属嘉应直隶州，惠州府辖1州9县。

1.2.2 民国时期区划

民国初年实行省、县二级制。民国元年（1912年）改归善县为惠阳县。民国三年（1914年）1月，实行省、道、县三级制后，惠阳县、博罗县隶属广东省设潮循道（原惠潮嘉道），龙门县隶属粤海道。

民国九年（1920年）12月，仍恢复省、县二级制。1921年1月，在惠州设立东区，辖惠阳、博罗等县。1925年7月广东省分设6个行政区，东江行政区辖惠阳、博罗等25县。1926年11月，废除行政区。1928年南京国民政府规定由省直辖县、市。不久，广东全省划为东、西、南、北、中5个行政区，同年3月复设东区，辖博罗、惠阳等县，后惟屡设屡废，并无定制。

民国二十五年（1936年）9月，广东省设置第四行政督察区，公署驻惠阳县，辖惠阳、博罗、海丰、陆丰、河源、紫金、新丰、龙门等8县。1940年3月，公署移驻河源，加辖东莞、增城、宝安，共11县。民国三十六年（1947年），广东省政区再作调整，行政督察区分省政府直接督察区和专署行政督察区。专署行政督察区为省政府派出机关，不是一级地方政区。专署行政督察区第五区辖惠阳、博罗、海丰、陆丰、河源、紫金、龙门等7县。民国三十八年（1949年）2月，广东省政区又作调整，惠阳、博罗、东莞、宝安、中山等5县属第二行政督察区，龙门县则属第六行政督察区。

1.2.3　中华人民共和国成立至今

中华人民共和国成立初期，全国实行大行政区、省、专（地）区、县四级地方政制。1949年12月设东江专员区（简称东江专区），隶中南行政区广东省，辖惠阳、博罗、增城、龙门、紫金、河源、连平、龙川、和平、海丰、陆丰、宝安、东莞、从化、五华等15县。1951年，调整行政区划，新丰县从北江专区划入东江专区，宝安县、东莞县从东江专区划入珠江专区，五华县从东江专区划入兴梅专区，东江专区辖12县，专署驻惠州镇。1952年11月，东江专区撤销，惠阳、陆丰、海丰、龙川、河源、紫金等6县改隶粤东行政区（行署驻潮安）；博罗、龙门、增城等3县改隶粤中行政区（行署驻江门）；和平、连平、新丰等3县改隶粤北行政区（行署驻韶关）。

1956年1月4日，国务院批准设立惠阳专区，辖惠阳、博罗、增城、龙门、紫金、河源、连平、龙川、和平、海丰、陆丰、宝安、东莞等13县，专署驻惠州镇。1958年4月8日，惠阳县析置惠东县。4月11日设立惠州市（惠州镇升，县级）。惠阳专区辖1市、14县，专署驻惠州市。11月龙门县与增城县合并，改隶广州市。先后于11月、12月（国务院批准时间为1959年3月）撤销惠州市和惠东县，仍并入惠阳县。1959年3月，国务院批准撤销惠阳专区，惠阳、博罗、宝安、东莞、增城等县划归佛山专区，河源、连平、龙川等县划归韶关专区，紫金、海丰、陆丰等县划归汕头专区。1961年10月25日，恢复龙门县建置。

1963年7月，恢复惠阳专区，辖惠阳、博罗、河源、连平、和平、龙川、紫金、宝安、东莞、增城、龙门等11县，专署驻惠州镇。1963年8月惠州镇升为县级镇，1964年10月恢复惠州市（县级）。惠阳专区辖1市11县。1965年7月，恢复惠东县，惠阳专区辖1市12县。

1970年10月惠阳专区更名为惠阳地区，管辖范围、地区革委会驻地不变。1975年3月，增城、龙门两县划归广州市，惠阳地区辖1市、10县。1979年3月，撤销宝安县，设立深圳市，惠阳地区辖1市、9县。1983年12月22日，海丰、陆丰两县从汕头地区划归惠阳地区，惠阳地区管辖1市、11县。1985年9月5日，撤销东莞县，设立县级东莞市，惠阳地区辖2市、10县。

1988年1月撤销惠阳地区，实行市管县体制，设立惠州、河源、东莞、汕尾4个地级市。惠州市辖惠城区（原县级惠州市改）、惠阳县、博罗县、惠东县和龙门县（从广州划回）。1994年5月6日，撤销惠阳县，设立惠阳市（县级），由省直辖，委托惠州市代管。2003年3月，撤销县级惠阳市，设惠州市惠阳区。惠州现辖惠城区、惠阳区、惠东县、博罗县、龙门县，并设有两个国家级开发区：大亚湾经济技术开发区、仲恺高新技术产业开发区。

1.3 惠州建筑文化的多元属性

1.3.1 以儒家文化为内核的汉文化传播

1.3.1.1 南方政权的文化建设

在岭南历史上，除了朝廷在惠州的官方建置外，割据政权的建立也是北方主流文化在岭南播迁的重要途径。

南越国的建立，促进了中原文化在岭南地区的传播。秦始皇平定岭南，而赵佗实际执政岭南近80年，对于岭南文化的发展产生了重要影响[1]。第一，政治上，实行郡国并行制，仿效汉朝制度，郡县制和分封制并行，并实施中央官制和地方官制，确保政治上的有效控制和实际统治。第二，军事上，设立将军、左将军和校尉制度，又分为步兵、舟步和骑兵，对号称"带甲百万有余"的军队实行有效指挥和控制。第三，经济上，将中原先进耕作技术、打井灌溉技术和冶金、纺织等技术进行传播、推广，改变了以前"刀耕火种"和"火耕水耨"的耕作方法，大量发展水稻、水果和畜牧业、渔业、制陶业、纺织业、造船业，并发展交通运输和商业外贸，促进了生产发展和社会进步，人民生活日益改善。第四，文化上，引导岭南百越部落从原始氏族社会迅速走向文明时代，推广汉字和汉语，教育越人"习汉字，学礼仪"，从而使"蛮夷渐见礼化"，《粤记》记载："广东之文始尉佗"。第五，民族政策上，赵佗实行"和辑百越"的政策，提倡汉越通婚，尊重越人风俗，促进融合和社会和睦发展。赵佗率先带来的中原文化，为岭南走出蒙昧，起到了决定性作用。

1.3.1.2 流寓官员的文化输入

岭南在古时距离中原较远，交通不便利，文化发展缓慢，被称为蛮荒之地，因此成为唐宋时期贬谪官员的主要地区之一。这些被贬谪到惠州的官员中不少依然积极作为、兴利除弊，把中原先进文化带到惠州，促进了惠州的经济、文化的全面发展。

柳旦、柳述两叔侄是早期为惠州文化建设作出贡献的官员。柳旦，河东解县人（今

---

① 戴春平. 赵佗——南越割据与大义归汉研究[J]. 清远职业技术学院学报，2014（4）：46.

陕西运城），隋大业元年授龙川太守，大业四年回京，在惠州四年最大功绩在于开设学校、教化本地居民。《隋书·柳机传》记载，"郡人居山洞，好相攻击。（柳）旦为开设学校，大变其风。帝闻，下诏褒美之。征为太常少卿，摄判黄门侍郎事。"这是关于惠州办学的最早记载，柳旦成为惠州兴办学校第一人。柳旦侄子柳述（公元570—公元608年），娶隋朝兰陵公主为妻，授驸马都尉，后因仁寿宫政变，被贬至惠州，这是历史上第一个被贬谪到惠州的朝廷大员[①]。

自此之后，唐、宋两代大批朝廷命官和贬官踏足惠州。唐朝时期宰相杜元颖和牛僧孺、少府崔元受、中书舍人崔沆、左金吾大将军李道古、右金吾大将军段嶷、谏议大夫柏耆、刑部尚书郑元观、太常博士闾丘均、万年主簿韩浩、胄曹刘宗器、法曹陆甚余等皆贬谪惠州，客观上促进了惠州与中原之间的文化交流。唐代张玄同、卢纶、刘禹锡、张锡、张纵、崔元受等诗人在诗作中，都提到循州的人文风气和贬官的生活情况，并将惠州本土文化带进中原传播。入宋后，惠州仍被视为岭南的"恶远军州"，是朝廷流贬犯人之地。自宋咸平年间开始，端明殿学士苏轼、提举京畿常平唐庚、中书省徐秉哲、岳飞儿子岳霖、右迪公郎安诚、崇政殿说书陈鹏飞、博士王胄等人贬来惠州；苏轼弟弟苏辙、御史陈次开、宰相吴潜亦被贬往循州（今龙川）。其中，又以苏东坡在惠州最广为人知。苏东坡寓惠期间，上下奔走，为民请愿，身体力行，为百姓办实事做好事；在惠谪居的3年间，先后写下160余首诗词和几十篇散文、序跋，其歌咏惠州风物的诗文使惠州名扬四海[②]。晚清惠州诗人江逢辰赞叹，"一自坡公谪南海，天下不敢小惠州"。

官员寓居惠州期间，带来了中原先进的文化，惠州的文化发展通过书院建设便可知一二。宋朝时，惠州是广东文化教育最发达的州县之一，掀起惠州历史上第一次办学高潮。罗从彦任惠州博罗主簿期间，受太守周侯绾之命，选择气象万千的罗浮山，兴建钓鳌书院讲学，培养学生。杜定友《广东文化中心之今昔》指出：宋代广东正式书院，"以南宋嘉定间之禹山书院、番山书院、相江书园、丰湖书院为最善"[③]。元朝尽管不过八、九十年，但惠州重修或新建州县儒学的举措确实持续不断：元至元二十五年（1288年）重建惠州府儒学丽泽亭。延祐五年（1318年）知州徐震仍建龙川儒学于县城北。泰定元年（1324年），惠州路同知暗都剌史建归善儒学于水洞白鹤峰东麓。明洪武二年（1369年），归善知县木寅权把丰湖书院改为归善县学。洪武四年，博罗县儒学重建。洪武八年，惠州府学重建。洪武十七年，归善县儒学重建。惠州府县两级儒学在明朝初大体建成。

① 徐志达，吴定球，何志成. 惠州文化教育源流[M]. 广州：广东人民出版社，2008：80.
② 郭杏芳. 苏东坡人文精神泽及黄州惠州[J]. 惠州学院学报，2015（4）：9.
③ 徐志达，吴定球，何志成. 惠州文化教育源流[M]. 广州：广东人民出版社，2008：116.

1.3.1.3　出仕为官的文化吸收

唐朝以来，重视教育的观念和官员办学的风潮，在促进文化发展的同时，也鼓励了学子参加科举考试，出仕为官。唐长庆四年（公元824年）到乾符四年（公元877年）约50年间，惠州有3人考中进士。广东唐代进士38人，惠州3人，远高于全省25州平均水平。据《惠州府志》不完整记载，宋代惠州中进士共54人，是惠州历史上中进士最多的朝代，比明朝44人还多10人[①]。

惠州经历千年文化熏陶，到明代嘉靖、万历年间，出现了人文盛世的灿烂局面。如明初监察御史王度（1356年—1402年），晚明惠州出现的"三尚书、四御史""湖上五先生"等。"三尚书"为兵部尚书叶梦熊、摄吏部尚书杨起元、吏部尚书韩日缵，"四御史"为利宾、曾守约、车邦佑、曾舜渔，"湖上五先生"为叶萼、叶春及、叶梦熊、李学一、杨起元，代表明代惠州文人最高水平。

1.3.2　惠州三大汉族民系文化的衍化

中国历史上汉人数次南迁，不同时期经由不同路线，逐渐在广东境内形成相对稳定的汉民族三大文化区划：粤中广府文化区、粤东潮汕文化区、粤东北—粤北客家文化区。惠州因其地理位置及水路、陆路交通原因，成为广东省唯一一处汉民族三大民系文化交集之地。一方面，借助东江水路交通，上行可至河源、龙川，下行至东莞、广州；另一方面，借助陆路交通由省城广州向东的两条驿道，一条经惠州向东北通至梅州，另一条经惠州向东通至潮州、福建漳州等地。惠州东北向的河源、龙川、兴宁、梅州等地属客家民系文化区，东向的潮州、福建漳州等地属潮汕民系文化区，西向广州是广府核心文化区，东莞、深圳等地属广府文化为主、客家文化为辅区域。

1.3.2.1　惠州客家民系分布与源流

惠州人口比例最大的是客家人，各县区均有分布。惠城区客家人主要分布在陈江街道、潼湖镇、潼侨镇、水口、三栋、马安、横沥、泸州、小金口、桥西街道、惠环街道、桥东街道、河南岸街道的部分地区。惠阳属纯客区域，三和街道、淡水街道、秋长街道、沙田镇、新圩镇、镇隆镇、永湖镇、良井镇、平潭镇基本为客家方言区。龙门县的客家人约占龙门总人口三分之一，主要分布在平陵、龙江、永汉三镇的大部分区域，以及龙华、地派、蓝田、龙潭、麻榨、龙田等镇的部分区域，占总人口的29%，约10万人[②]。博罗客家人主要分布在长宁、福田、湖镇、横河、柏塘、响水、公庄、杨村、石

① 徐志达，吴定球，何志成. 惠州文化教育源流[M]. 广州：广东人民出版社，2008：409-412.
② 龙门县地方志编纂委员会. 龙门县志[M]. 北京：新华出版社，1995：750.

坝、麻陂、泰美等镇的绝大部分地区，以及龙溪、龙华、观音阁等镇的部分地区，客家人约占60%，约49万人①。惠东方言因其地理位置的复杂而显得极其复杂，各镇均有客家人分布，以客家人为主的区域是北面山区，包括高潭、马山、宝口、安墩、新庵、白盆珠、石塘、松坑八个镇，人口约15万。

客家人大规模迁入今惠州境内并见诸史籍者主要集中在清早期迁海复界之后。明代以来，闽西、粤东北客家人因人口与资源矛盾日益尖锐而陆续外迁，部分迁至惠州，多在惠州府归善县北部（今河源紫金、惠州惠东等地）。清早期，粤东北、粤北客家人响应清政府政策蜂拥而至归善县东部（今惠州惠阳、深圳龙岗等地），使原本荒无人烟之地成为纯客区域。

1.3.2.2　惠州广府民系分布与源流

惠州广府人主要分布在与操粤语的东莞、增城交接处，主要区域为：惠城陈江、沥林等地；龙门县的龙城街道、龙华、沙迳、麻榨等镇；博罗县石滩、长宁、园洲等镇；惠东县多祝、大岭等镇。

惠州还有一个方言归属颇有争议的群体——"本地人"。"本地人"主要分布在惠城区的惠环、河南岸、三栋、汝湖、小金口等镇街；博罗的罗阳、龙溪、公庄、杨村、龙华、湖镇、横河、观音阁等镇街；惠阳与惠城相邻的平潭、镇隆等镇；惠东铁涌、吉隆等镇；龙门地派、天堂山、平陵、龙江、蓝田等乡镇的部分村落。学界对于惠州"本地人"归属多有关注，从方言角度持有"粤属派"（属广府民系）、"客属派"（属客家民系）以及"底层为粤语，其客语特色是后来受影响的结果"②等观点。笔者就"本地人""广府人""客家人"在族源与移民史、村落选址布局、建筑文化与习俗等历史与现存状态方面做了大量深入的调查，发现"本地人"村落与建筑未能形成鲜明、独立的特征，反而整体上更倾向于广府民系村落与建筑的诸多特征，而且在族源信息上存在广府核心文化区"以珠玑巷为民系认同"③的典型特征。因此，为简化研究对象构架，本书倾向于将"本地人"纳入广府民系。

广府人整体上明显较客家人更早来到惠州定居，迁入渊源既有官员去官、商人行商留居于此，也有自增城、东莞等广府因宗族繁衍拓展至此，大多声称始祖在南雄珠玑巷停留，再到惠州开基立村。如惠东多祝田坑古城大夫宗祠墙壁镶嵌的乾隆三十八年（1765年）《陈氏二三房合建宗祠碑》刻有"盖吾先世为南雄之石井人自始祖有信公从南入惠而家归善之老田坑"之记述。又如博罗泰美镇岭坑利氏族谱载有"宋末利大初

① 温宪元. 广东客家[M]. 桂林：广西师范大学出版社，2011：52.
② 包国滔. 东江中上游本地化方言系属的历史考察——以明代归善县为中心[J]. 惠州学院学报，2012，32（2）：21-26.
③ 冯江. 祖先之翼——明清广州府的开垦、聚族而居与宗族祠堂的衍变[M]. 北京：中国建筑工业出版社，2010：6.

兄弟从南雄县石井头迁来落居"。惠城翟氏族谱也记载翟观在北宋靖康年间（1126年—1127年）迁入南雄珠玑巷，在元朝末年其第七世孙迁归善县南津乡（今惠城桥东东平）。

1.3.2.3 惠州潮汕民系分布与源流

对于广东境内语操闽海方言的群体，学界有潮汕、福佬等称谓。本书认为，惠州境内语操闽海方言的族群在地域上与潮汕相接，在文化上多受潮汕影响，故本书取"潮汕"说法。

惠州潮汕人主要聚集在惠东以及惠城与惠东交汇的地方：惠城区小金口、汝湖、仍图、水口、陈江、芦州、芦岚、马安、横沥、矮陂等地；惠东稔山、平海、黄埠、吉隆等地；惠阳为纯客区，仅在良井个别村落有潮汕人居住；龙门以客家和广府平分秋色，仅在龙潭镇少数村落有潮汕人居住。

惠州潮汕人多来自福建漳州、莆田、泉州等地。由福建漳州迁徙而来的有惠城区墨园村徐、陈、朱、曾四大姓氏，惠城岚派村许氏，惠东皇思杨村的萧、杨、郑、许四大姓氏，惠东黄埠杨屋村等。惠东稔山镇范和村五十多个姓氏中大多姓氏语操潮汕方言，由福建莆田、泉州等多地迁徙而来：圳沟仔钟氏明后期迁自福建莆田、吉塘围林氏迁自福建漳浦、关帝爷厅欧氏迁自福建漳州、山顶下吴氏明末迁自福建泉州等。

1.3.3 近代海外文化的传播与侨乡文化的形成

惠州有着漫长的海岸线，为向海外发展提供便利，华侨华人遍布世界五大洲，成为广东著名的侨乡之一，海外各地成立的惠州会馆便是佐证。据载，早在唐朝初期，就有惠州人居住在东南亚。到了1805年，惠州府籍华侨在马六甲首创会馆——马六甲惠州会馆；1822年，惠州籍华侨先后建立新加坡惠州会馆、槟榔屿的槟城惠州会馆；1848年，惠州府籍人在美洲淘金热、美国大陆铁路修筑的吸引下，随着华工贸易的出现，开始向美洲移民。1862年，惠州府客家人在美国三藩市（旧金山）建立了客属"旧金山惠州会馆"。1864年，吉隆坡行政长官叶德来（叶亚来）领导惠州府籍华侨，成立雪兰莪惠州会馆[①]。

有清以来，惠州人大量出国。据统计，1847～1924年间，惠州府十县的契约华工遍布南洋、美洲、澳洲等地，出洋人数从20万增至50万人[②]。个中原因主要如下：第一，人口快速增长、土地矛盾激化。经过清乾隆、嘉庆、道光（1735年—1840年）三朝，人口大幅度增长，广东人口从清初的三百多万猛增到二千四百多万，增幅达七倍多，而全

---

① 《惠州华侨志》编纂委员会. 惠州华侨志[M]. 惠州：惠州市侨联，1998：22.
② 惠州市地方志办公室. 惠州地情研究（第一辑）[M]. 北京：中国社会出版社，2010：427.

省人均耕地面积由七亩多减至不到两亩，土地资源不足，成为人口外流的内在因素[①]。第二，田赋等压力过重。康乾盛世之后，政治腐败、经济衰退，土地兼并现象严重。晚清时期，清政府为偿付鸦片战争的赔款而增捐派晌，百姓负担严重，而租种地主田地的农民则陷入绝境。加上1840年之后的十年间，惠州自然灾害接连不断，粮食欠收，百姓为求生存只得流落异邦。第三，清政府政策的支持。第二次鸦片战争之后，清政府被迫签订《北京条约》，不仅使华工出国合法化，且受到保护，其中规定，"大清大皇帝允许即日降谕各省督抚大使，以后凡有华民情甘出口，或在英国所属各地，或在外洋别地作工，俱准与英民立约为凭，无论单身或携带家属，一并赴通商口岸下英国所属船只，毫无禁阻。该省大使亦宜与大英钦差大臣，查照各口地方情况，会定章程，为保全华工之意"[②]，自此，清政府的华侨政策由放任转为保护。第四，起义失败，流亡海外。1857年，翟火姑起义遭清朝镇压而瓦解后，成千上万的起义人员逃到南洋群岛，这是惠州人留洋的一次高潮。1900年，被称为"打响武装反清革命第一枪"的由郑士良领导的三洲田起义失败后，起义军不愿屈服，纷纷前往南洋群岛谋生。1907年，惠州七女湖起义失败后，又有数百起义人逃到新加坡、马来西亚等地另觅生路。1927年，中共东江特委领导东江各县（包括惠州）举行"五·一"农军武装暴动，暴动失败，再一批惠州人流亡到南洋、越南、泰国、中国香港。

惠州华侨曾积极参与到民主革命中。孙中山创立兴中会和同盟会，首先入会的大抵是华侨，三洲田、七女湖等反清武装起义的经费和武器主要靠海外华侨接济，参加起义者大多为新加坡、马来西亚等东南亚华侨。华侨社团组织"洪门"转型为中国致公党，成为当时的中国八大民主党派之一。1938年12月，日军截断了东江和广九铁路、惠广公路的联系，惠州即成为东江流域重要的抗日交通线和物资中转站。当时每天无数海外华侨捐赠的抗日物资、生活物资源源不断地从香港、淡水、澳头、港口、沙鱼涌等地水陆联运至惠州，然后装船溯东江而上，经河源、老隆，绕道转往韶关等地支援抗战和解决民众生活所需。1939年成立的"东江华侨回乡服务团"（以下简称东团）曾为抗日战争作出卓越贡献，其以惠州府城金带街梅花馆、煜庐作为团部办公地。

出国人数的增加带来的是侨资源源不断地汇回惠州，除赡养家眷、支持革命外，建房修路、兴办教育、投资建设等，华侨亦是主要力量，在建筑文化上的影响体现为以下几点：第一，新功能建筑的出现，如侨资汇兑行业建筑。早在20世纪初，惠州就有侨资汇兑行业，其选址多在地段好、人流大、顾客认知度高的地方，民国时极为兴旺的水东街成为首选之地，比如水东西路的泰兴祥，水东东路的元章行、平安行等商号。第二，大量侨汇为新型建筑的新材料、新技术的使用提供了经济保障，比如学校建筑、餐饮建

① 郑德华. 广东侨乡建筑文化[M]. 香港: 三联书店有限公司. 2003: 12.
② 郑德华. 广东侨乡建筑文化[M]. 香港: 三联书店有限公司. 2003: 34.

筑等。1929年落成的鹿岗学校为西式风格，立面三段式，中间凸出的塔楼形式。采用钢筋混凝土框架结构，使得单间教学空间比传统书室增大，面阔8.3米，进深6.7米。屋顶尽管采用双坡、琉璃瓦形制，但已非传统瓦面，而是钢筋混凝土板，避免了传统瓦面的渗漏情况。第三，新建筑样式的引进与推广。侨居地外廊样式建筑被引入惠州的原因不只是对于湿热气候的适应，另一主要原因也在于东南亚侨居地的殖民外廊式建筑文化深刻地影响了惠州华侨回到家乡后的建筑行为。"华侨是外廊建筑最有力的传播者，一方面华侨在侨居地接触外廊建筑，对其有一定了解；另一方面，华侨熟知侨乡的生活方式和风土人情，所以能够使外廊建筑很好地融合到侨乡好环境和气候中"[①]。有资本的华侨在建造房屋时，往往选择来自其侨居地的外廊样式，以显示出与传统建筑不同的时代意义。

1.4　惠州建筑文化与美学的理论建构基础与框架搭建逻辑

　　本书以惠州建筑文化与美学为研究对象，以唐孝祥教授的文化地域性格理论为基础，搭建逻辑框架。文化地域性格理论是基于价值论哲学所提出的建筑美学理论。唐孝祥教授认为建筑审美活动是建筑美学的逻辑起点，而建筑美是建筑审美客体的属性与建筑审美主体的需求在审美活动中契合而生的一种价值。价值论美学的提出，一定程度上改变了认知论美学偏向建筑审美客体属性研究，而忽略建筑审美主体研究的局面。它认为建筑美是生成的而并非预成的，建筑美因而被视为主客体交融的产物。

1.4.1　"文化地域性格"理论的提出

　　"文化地域性格"理论是唐孝祥教授在论证岭南建筑的学术界定时提出的，这一理论首先为我们界定惠州建筑的基本内涵、明确研究对象提供了思路。关于"什么是岭南建筑"这一问题，学术界存在"地域论""风格论"与"过程论"三种学术观点。"地域论"认为地处岭南地区的建筑即可称为岭南建筑，因而包括广东、海南、广西大部、福建南部、台湾南部的建筑，这种观点较为全面，但并非所有地处岭南的建筑都能体现岭南建筑的特征。"风格论"指出岭南建筑即具有独特岭南文化艺术风格的建筑，这种观点有相当的借鉴意义，但在岭南建筑技术特征方面的探讨仍略显不足。"过程论"则从创作主体的视角出发，认为"岭南建筑即岭南建筑创作实践活动的简称"[②]，其局限性在于忽略了建筑理论对建筑实践的指导意义，强化了实践而弱化了理论总结。

---

① 唐孝祥，吴思慧. 试析闽南侨乡建筑的文化地域性格[J]. 南方建筑，2012（1）：48.

② 唐孝祥. 建筑美学十五讲[M]. 北京：中国建筑工业出版社，2018：263-264.

唐孝祥教授吸取了"地域论""风格论""过程论"三种学术观点的合理之处，在此基础上，总结提炼出文化地域性格理论。文化地域性格理论诠释了岭南建筑三个层面的文化内涵，即"岭南建筑的地域技术特征、社会时代精神和人文艺术品格"；"建筑审美属性的最高标准在于建筑实现了地域性、文化性、时代性三者的统一"[①]。同样的，本书认为，能够体现惠州本土的地域技术特征、社会时代精神与人文艺术品格的建筑，便可称为惠州建筑。在惠州建筑审美活动中，人是建筑审美活动的主体，建筑审美主体具有感性、情感性和自由能动性的特征；相对的，惠州建筑构成了对象性的存在，即审美客体，它是建筑审美价值的物质载体，具有形象表现性。本书名为"惠州建筑文化与美学"，侧重研究在惠州建筑审美活动中，惠州建筑所呈现出的审美文化属性及其与建筑审美主体的审美理想相契合而生的建筑审美价值。

1.4.2 "文化地域性格"理论的基本内涵

建筑的地域技术特征，指的是建筑适应本地自然地理条件而产生的特点，即体现出建筑的自然适应性。例如亚热带地区呈现出"湿、热、风"的气候特征，而岭南建筑则相应地采用了遮阳、隔热、通风的技术，这些生态智慧在岭南传统建筑与岭南近现代建筑中都同样突出，成为岭南建筑之所以区别于其他地方建筑的重要标志之一。惠州水东街采用骑楼的建筑形制，有利于遮阳、挡雨和通风。地域技术特征还表现在建筑对地理环境的适应上，比如惠州古城的选址布局就综合考虑了东江的流向和防洪防御的需求。

建筑的社会时代精神，侧重分析政治、经济、军事、外交等社会因素对建筑发展的影响，强调建筑体现出来的社会适应性特征。特定的历史时期、特定的社会环境，或多或少都会在建筑上留下印记。建筑反映了当时的社会需求和时代变迁，见证了人类建造水平的提高，反映了一定的生活习俗。在古代，惠州传统建筑致力于保障城市的繁荣稳定，并在此过程中达成了多民系建筑文化的共融。近代以来，随着西方殖民势力的入侵和民族资本主义经济的发展，惠州作为交通枢纽的地位日益重要，城市与建筑呈现出中西合璧的整体特征，折射出开放兼容的时代特点。中华人民共和国成立以后，城市规划有序进行，国家对工业的重视催生出一批工业建筑。改革开放为城市建筑发展带来了新的活力，随着人们生活水平和文化水平的提高，文化博览建筑逐渐成为公共建筑的重要类型。

建筑的人文艺术品格是文化地域性格理论的第三个维度。建筑的选址布局、空间组织和装饰装修都承载着人们的价值取向、性格特征、思想观念和审美趣味，建筑因此被

---

① 唐孝祥. 建筑美学十五讲[M]. 北京: 中国建筑工业出版社, 2018: 263-264.

赋予了一定的人文艺术品格。客家民居建筑具有聚族而居、祠宅合一、防御性强等特征，反映了重视宗法礼制、强调耕读传家的精神。传统建筑的装饰装修往往采用当地人喜闻乐见的主题，寄托人们对生活的美好愿望。广府祠堂综合运用灰塑、陶塑、石雕、砖雕等多种装饰工艺，从古典小说、粤曲和民间故事中汲取养分，宣扬忠君爱国、家族昌盛、福寿双全等思想，祠堂空间因此具有很强的伦理教化功能和地域文化特征。惠州近代建筑则更多地表达出人民对科学与民主的向往，新式的纪念性建筑大量涌现，红色革命文化在惠州各处都留下深刻的印记。惠州现代建筑批判地继承了传统建筑文化，并在现代主义和后现代主义建筑思潮的影响下，呈现出明显的务实性和创新性特征。建筑外观多采用有意味的几何形体，内外空间组织和谐有序，强调建筑与周边环境的融合，装饰装修简洁大方，凸显材质与肌理。

1.4.3 本书的框架搭建逻辑

本书根据文化地域性格理论的基本内涵，主要从地域技术特征、社会时代精神和人文艺术品格三个维度，展开惠州建筑文化与美学研究。由于抗日战争破坏和特大洪水灾害等特殊原因，目前惠州市保留的建筑文化遗产当中，传统村落和建筑占有较大比重，有丰富的案例；而近代建筑遗产的数量相对较少，个别建筑的典型性略显不足。现代建筑正处于不断摸索探究的过程之中。基于惠州建筑文化遗产的保存状况，本书概述部分交代研究的缘起与背景，既而探讨惠州传统建筑发展的动因，详细分析惠州传统村落与建筑的审美文化特征。随后分为惠州近代建筑文化与美学、惠州现代建筑文化与美学两个章节，相互配合，构成完整的时间线索，契合历史逻辑。同时，各部分研究内容，均按照地域技术特征、社会时代精神与人文艺术品格三个视角展开，因而又构成了价值论建筑美学的逻辑。历史逻辑与美学逻辑相交织，力图做到思维严密、体系完整，为读者呈现出较为清晰的惠州建筑画面。

地域技术特征是建筑文化地域性格的基本维度之一，是建筑审美文化特征的重要表现。惠州传统建筑的地域技术特征表现出了传统建筑在适应自然环境的地理、气候、地方自然资源等方面所呈现的适应性营造。

第2章

特征

惠州传统建筑地域技术

2.1 基于地理条件的适应性营造

2.1.1 古城沿江择址

城址的选择受到政治、军事、经济、自然等多种因素的综合影响，但是，自然环境是起到决定性作用的首要因素。适宜的水源、良好的地形地貌、温和的气候、肥沃的土壤等都是选址布局时需要慎重考虑的自然要素。从2200多年前的梁化古城的选址，到1400多年前惠州府城的选址，均首先从地形地貌出发，仰赖江河而择址。

2.1.1.1 梁化古城择址

今惠州境内历史上第一个行政治所位于今惠东梁化，时间长达800余载，古梁化建置史得益于其优越的自然环境。秦统一岭南后，于始皇三十三年（公元前214年）置郡县，惠州一带设置傅罗县，属南海郡，在今惠东梁化屯设县治。南朝梁天监二年（公元503年）设置梁化郡，郡治依旧设置梁化屯。隋开皇年间，梁化郡废，梁化作为县治、郡治历史长达800余年。梁化的建置与其自然环境密不可分：四面环山，地势东北高、西南低，中为小盆地，位处梁化盆地，东面与北面崇山峻岭、重峦叠嶂，为莲花山脉的延伸，鸡笼山、坪天嶂、石人嶂连成一片，海拔均达800米；西面与南面多为起伏不断的小山矮岭；梁化河穿镇而过，黄沙河、衙门沥、花树下水库等给予梁化充裕的水资源。如此水陆相依、关隘险要的地形地貌，正是古人追求的自然天成之地，易出难进、易守难攻；盆地内地势比较平坦，土壤肥沃、水源丰富，有利于发展农业耕作，屯兵驻守、繁衍生息，安可乐居、危可退保。古梁化因此一度成为粤东政治、经济中心。

古梁化建置800余年后，治所外迁，究其原因，"曾昭璇教授认为，惠东梁化是东江古河道流经的地方。今梁化能成为一个稳定800余年的县治、郡治完全是因为它曾控制着东江渡口的位置。此后河道变迁使渡口和水运转运站的位置出现在今惠州城区所在地，治所移出梁化郡治后，即设在今惠州中山公园附近。从城市的起源与东江河道的关系上看，今天的惠州城区与古代惠东的梁化的交通位置是一致的。今惠东梁化所在地据东江干流最近点（惠阳横沥）大约十公里，但东江古河道曾流经今天的梁化（图2-1-1）。也就是说，东江河道的变迁是梁化古城兴衰的历史地理原因。"[1]

图2-1-1 梁化古城与惠州府城位置关系
（图片来源：何伟森绘）

① 叶岱夫. 东江河道变迁与古代惠州的城市发展[J]. 岭南文史. 2008（4）: 26.

2.1.1.2 惠州府城、归善县城择址

惠州府、归善县城择址于两江交汇之处。隋开皇九年（公元589年），废梁化郡设循州，循州总管府先设治于龙川，次年移至梌山（今惠州惠城区中山公园内），自此至清朝末期，虽府名几易，循州改祯州、再改惠州，但府址一直保留于此，长达1400余年。东江与其最大支流西枝江的交汇处，因两江而划分为三个片区（图2-1-2），即今天的江北片区、桥东片区、桥西片区，三区隔东江、西枝江相望，江北片区在东江的北岸，桥西、桥东位于东江的南岸；桥东和桥西隔西枝江相望，桥东位于西枝江东岸，桥西位于西枝江西岸。三个片区地势都较为低洼，遍布水塘，从地名可见一斑，如桥西的秀水湖、塘尾街、塘底下等，桥东的上板塘、下板塘、城背塘、塔仔湖、铁炉湖等，江北的鹅潭、期湖塘等。但相较而言，桥西在三个片区中地势稍高，且有多座小山包，如"城内五山"梌山、方山、银冈岭、象岭、印山，在洪涝之时有高处可登。加之西面有广阔的西湖，古时南面亦有若干个小湖，湖水与西枝江相通，因此，府城所选择的桥西片区四面环水，可省却开挖护城河的浩大工程。归善县城择城址在与府城距离更近的桥东片区，桥西与江北之间的东江水面在400米以上，而桥西与桥东之间的西枝江水面宽约100米，架桥更为便利；此外，桥东片区的湖塘众多，城内大小湖塘二十三处[1]，水面面积大于陆地面积，洪涝风险大于桥西片区，这也是府城择址未优先考虑桥东片区的原因。

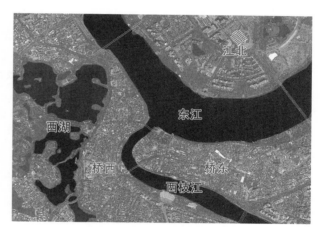

图2-1-2　两江交汇分三区
（图片来源：庄家慧绘）

2.1.1.3 府县双城水患及防洪措施

府县双城所选之地对于东江而言是凹岸，对于西枝江而言也是凹岸，极易受洪水冲刷，且地势低洼，带来较大的水患压力。此外，由于城内地势低洼，洪水来临之际，低洼地带易被淹没。在府志、县志中，"大水"记载频繁，造成各种洪涝灾害亦多有记载，对于府、县双城城址的洪水灾害，明、清两朝的文献记载就有十余次（表2-1-1）。

---

① 惠州市惠城区委员会文史资料研究委员会. 惠城文史资料·第十三辑[G]. 惠州：惠州市惠城区委员会文史资料研究委员会，1999：36.

惠州府城和归善县城古代城市水患列表　　　　　　　　　　表2-1-1

	时间	水患情况	引用页码
1	明永乐三年（1405年）	惠州大水，涨至府署堂下	24
2	明嘉靖四年（1525年）	七月，归善久雨成涝，水骤溢，坏公署、民居，漂没田禾，人多溺死	31
3	明嘉靖四十四年（1565年）	七月，惠州、归善大水，淹至府仪门，惠州人谓之"乙丑水"	38
4	明万历十年（1582年）	五月，归善大水，淹没城雉5昼夜，惠人谓之"壬午水"	43
5	明万历二十五年（1597年）	四月，归善大水，淹及惠州府署大门内	46
6	明万历三十二年（1604年）	大水，溢至县署大门	47
7	清顺治十三年（1656）	五月，惠州大水，淹至府署头门外，舟从水关口城垛出入，西湖、十字街俱可行船	59
8	清顺治十五年（1658年）	惠州大水，淹没府城西门城墙雉堞4日，舟从城上出入西湖	59
9	清康熙三十三年（1694年）	惠州大水淹至府城头门，全城街巷水深丈余，舟从城垛出入，城垣颓塌，庐舍倾倒无数	67
10	清雍正四年（1726年）	五月，惠州大水，泛滥于府治仪门，民房倒塌甚多，惠人称"丙午水"	72
11	清乾隆十一年（1746年）	七月，惠州大风雨，城崩数丈	75
12	清乾隆三十八年（1773年）	六月，合东江汛滥入城中，舟从城垛出入者5日。归善县仓谷被淹数千石，城内外民屋倒塌六七百间。较1726年的雍正"丙午水"高出3尺余，人称"癸巳水"	78
13	清乾隆四十年（1775年）	惠州大水，府城南城墙崩	75
14	清同治三年（1864年）	七月十四日，一昼夜水涨两丈余，归善县城雉堞尽没，府城西门不没者尺许	92
15	清宣统三年（1911年）	惠州水灾，府城西、南、北门均淹没，东门水浸3尺，石桥轮渡不能穿通，物资赖靠驳船转运	104

资料来源：惠州市地方志办公室. 惠州历史大事记[M]. 北京：中华书局，2005：24–104.

　　为减少洪涝灾害，惠州府城、归善县城在城市建设上采取如下措施：第一，不断巩固、增高城墙以抵御洪水。由于两座古城均临江而建且在河流的凹岸，易受洪水冲刷，所以城墙的防洪要求很高，城墙就需不断巩固、增高。明洪武二十二年（1389年），府城拓建时，城墙高一丈八尺。到清乾隆八年（1743年）修葺时，城墙高二丈二尺，而且城外包以密石以增强防洪能力，墙上雉堞为砖砌筑、城上道路以石铺砌。第二，以灰石砌筑城外马路以护城基，作江堤以湖城。第三，建设以濠城和西湖为主干的城市水系。[①]第四，修建涵洞。府城设有八个下水道涵洞，置于城门附近（图2-1-3）。涵洞

---

① 吴庆洲. 中国古城防洪研究[M]. 北京：中国建筑工业出版社，2009：410.

颇大，如惠阳门涵洞口（今东新桥西桥头右）高约2米，宽约1.3米，砖砌方形，民国末尚存，可寻洞而入捉鱼摸虾[①]。县城则设置两个泄水口，一个是"金铛关"，在铁炉湖西北角城墙下；另一个是"塘涵头"，泄塔仔湖塘水到西枝江[②]。

2.1.2 村落选址顺应山形水势

传统村落选址在地形地貌上追求山环水抱、土地肥沃、树林茂密：三山环绕、一水相拥、中为空地；后有祖山、少祖山、主山、坐山等连绵起伏山脉，左右两侧又有山护卫，山林苍翠、鸟语花香，前面视野开阔，近处有水塘、田野，或有清澈江河在附近蜿蜒流淌，远处案山、朝山层次分明。理想的选址可以让村落获得良好的日照，在夏季引风入村、冬季阻挡寒风，山脉水体对村落起着夏季降温、冬季

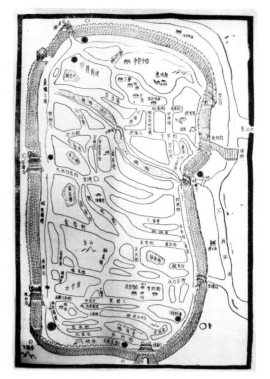

图2-1-3 府城涵洞位置
（图片来源：底图自惠州市建设委员会. 惠州市城市建设志[G]. 惠州：紫金县印刷工业公司，1991：9. 作者改绘）

保暖的作用。惠州地形地貌复杂，北依九连山，南临南海，地势北、东部高，中、西部低，地貌类型丰富，台地、平原阶地、丘陵、中低山相间。传统村落选址顺应山形水势，选择并创造出适宜的村址环境，形成沿江河、顺山势、依低丘环水、靠山沿海等常见村落选址类型。

2.1.2.1 村落沿江河择址

惠州传统村落选址中常见的一种类型为沿江河择址。惠州境内东江、西枝江、增江、淡水河、公庄河、沙河等河流冲击，形成肥沃的土壤层，利于耕作和水源获取，同时便利的水路运输带动文化、经济的交流。

以龙门县龙华镇水坑村为例。龙门县内主要河流为东江及其支流，如增江、西林河、永汉河、香溪河、郎背河、白沙河等，孕育着众多村落。水坑村是龙门著名古村之一，旧称"蓼溪龙江围"。"蓼溪"既是山名，又是水名，《龙门县志》载蓼溪山之美，

① 朱铁畅. 惠州市城市建设志[M]. 惠州：紫金县印刷工业公司，1992：62.
② 周德新. 惠州城的县城及其古街[J]. 文化惠州，2013（1）：89.

"蓼溪嶂在城南40里，高数百仞，挺出诸山之表，周围三十里，仰观绝顶，芙蓉插空，列若锦屏，诸峰竞秀最耸拔者为招贤峰，踞高眺远，罗浮山近在咫尺"[1]。水坑村即位于秀美招贤峰的山脚，择此佳地而居的是李延龄的两个儿子，《龙门县志》对李延龄奔波的一生作了记载："李忠，字延龄，西林都人，智勇绝人。景炎二年（1277年，元朝至元十四年），募集敢死勇士五百人，从制置使张镇孙袭取广州，畀以军职，屡以拒战功，授都统。祥兴元年（1278年），扈从卫王迁厓山，以积劳遂卒"[2]。李延龄在烽烟四起的宋元之交、决定起兵勤王之时，将家人安顿在远离当时热闹西林都（今龙门县城一带）的多个地方，其中第三子李谊和第四子李谅定居水坑，成为水坑李氏一世祖。这一选址反映出水坑这个地方在当时属于偏远之地，但环境优美，整体坐南向北，村后靠山，村前有广阔的田畴，蓼溪水一水长环、绕村而过，向西流入增江（图2-1-4），是宜居之处。

图2-1-4　龙门水坑村沿河择址
（图片来源：底图来自百度地图，何伟森绘）

类似的沿江河择址的惠州传统村落较为普遍，在被列入"中国传统村落""广东省传统村落""惠州市传统村落""广东省古村落"的村落中，如下村落具有代表性。惠城区芦洲镇岚派村，位于东江与岚江两江交汇的三角地带（图2-1-5），土质松软肥沃，甘蔗种植业发达，从而带动制糖业发展；村落坐西北向东南，背靠东江堤坝，面朝岚江。龙门县龙华镇功武村，

图2-1-5　惠城岚派村沿河择址
（图片来源：底图来自百度地图，何伟森绘）

西面增江之支流香溪河缓缓南下，江边龙关古码头原是广州到龙门水路客商往来的重要中转站。龙门县永汉镇合口村选择在东江支流的永汉河与增江的交汇之处，村名也因此而得。惠城区横沥镇墨园村，位于东江北岸。龙门县龙华镇绳武围位于增江西岸，前临增江、后依蓼溪山。

2.1.2.2　村落顺山势择址

顺山势择址的村落主要分布在惠州丘陵、台地地带。惠州境内多山，在村址选择

① 民国二十五年龙门县志·卷四县地志·山川：37.
② 民国二十五年龙门县志·卷九县民志·人物：80.

上，山形地势的主要考虑包括如何避开陡峭山势、生态不好的地形，因为这类地形既不利于建房、农作，也不方便生活、交通；同时也要考虑避免高大、封闭的地块，因为这类地形容易通风不畅、排水不顺，增加暴雨来袭时的洪涝灾害，同时也不利于污浊气体的扩散，视线受阻。因此，三面环山、一面望野的地形，视野开阔、生态景观优美、空气流通好，常被认为风水宝地。依据山地形势择址的村落，多依山就势立村于山脚，沿着山的走向而建，随着山地起伏而分布。这种取斜坡地形、前低后高的村落既有利于排雨、防止洪涝淹没房屋，也形成良好的通风，还能保障自然采光不受阻碍，在农业耕作上能有效节约土地资源，利于农业生产。

以惠阳秋长茶园村为例。茶园村内地形总体西北高、东南低，茶园村山体主要分布在中部、西部和东北部，山体较低，以果树、人工林为主，村落地形稍有起伏。茶园村嗣前、九新、九老、元山等二十余个自然村均顺应山而建，由东向西围绕山体分布，占据沟谷处土壤肥沃地区，整体呈"U"形分布，田畴亦以山丘向外分布（图2-1-6）。

以博罗福田镇徐田村为例。徐田村位于罗浮山南麓，三面为山环抱（图2-1-7），竹木茂盛，发源

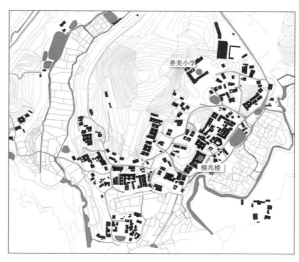

图2-1-6 惠阳茶园村顺山势择址
（图片来源：《惠阳区秋长街道茶园村传统村落保护发展规划》一书。）

左上：都蔚第；左下：老宅；
中下：徐氏宗祠

右上：四德堂；右下：五经魁

图2-1-7 博罗徐田村依山势而建
（图片来源：李孟摄）

于罗浮山的徐田河贯穿徐田村，溪水纵横，土壤肥沃，物产丰饶。村落中老屋（老宅）、下排（五经魁）、上排（都蔚第）等自然村依山而建，村前田畴纵横交错，一派生机景象。

2.1.2.3 村落依低丘环水择址

惠州平原阶地约占总面积三分之一，有惠州平原、杨村平原、通湖湿地等低海拔区域，地势平坦低洼，村落多依赖环水的小山丘建设。

惠城区潼湖镇赤岗村村名很鲜明地反映村落所处地形地貌特征。赤岗地貌物草覆盖不厚，树木不够茂盛，基岩半裸露，基石为侏罗红色、棕黄色、杂色多层砂页岩、泥钙质胶结，含煤、黄铁矿、赤铁矿、锰矿等，岩石风化后成红色，当地叫"红珠石"。村民有歌谣"赤岗、岗赤，赤土缀山石，石山夹赤土，山石赤土地，赤土山石，水火之地"，"赤岗"村名因此而得。该村南临潼湖湿地，遍布湖泊、水塘，村落选择地势相对较高的缓坡丘陵而建（图2-1-8），五甲、七甲、八甲等若干自然村，背靠排榜山，前临潼湖，沿缓坡垅岗，自然形成前低后高的空间形态，站在村后岗头上，可俯瞰潼湖浩浩之水。

图2-1-8 惠城赤岗村依低丘环水
（图片来源：惠州仲恺高新技术产业开发区管理委员会网页）

2.1.2.4 村落靠山沿海择址

惠州南部连南海，海岸线曲折多湾，属山地海岸类型，村落择址多沿海、靠山分布（图2-1-9）。以惠东县铁涌镇赤岸村为例。该村北面依靠的石龙山呈西北—东南走向，东南临考洲洋，地形低矮平缓，种植大面积松林；西面是可耕作的农田。考洲洋是惠州市唯一的内湾区，沿岸分布大量红树林，吸引大量珍贵鸟类栖息；仰赖海水，赤

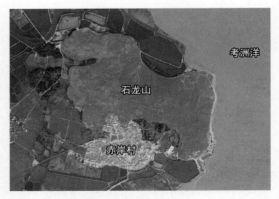

图2-1-9 惠东赤岸村靠山沿海择址
（图片来源：底图来自百度地图，作者改绘）

岸可养殖生蚝、虾蟹。村落充分利用自然地形地貌优势，形成优越的海、陆生态环境，孕育出半渔半耕型村落。

2.1.3　村落建筑营造前低后高

惠州传统村落选址顺应山形地势，村落中的建筑营造因此形成前低后高的布局，带来建筑景观、建筑排水、建筑采光、建筑朝向等方面较为鲜明的地域技术特征。

2.1.3.1　建筑景观渐次攀升

如前所述，惠州传统村落择址注重后有靠山、前面开阔，由此形成常见的景观缀块，成为建筑不可或缺的周边环境：后林山、建筑群、晒坪、水塘、田畴由后向前排列（图2-1-10）。第一，后林山。村民极为看重并保护后林山，因为后林山起着固水土、挡风沙、涵养水源、调节气候、保护房屋等多重作用。为了让后林山发挥更大的经济价值，树种上也会有所考虑，比

图2-1-10　惠州传统村落常见景观缀块（龙门永汉合口村）
（图片来源：底图来自百度地图，作者改绘）

如竹子、果树、樟树等。第二，建筑群是村民居住的空间，通常纵横交错、鳞次栉比。第三，晒坪是村民晾晒稻谷、举行活动的平整场地。第四，水塘起着灌溉、养鱼、洗涤等多种功能。第五，田畴生产粮食与农产品。这种布局在农耕时代优势明显：一方面节约耕地。因为房屋建在缓坡上，集合式的居住方式减少了村民对于土地的需求，便于耕种的平坦土地得以尽可能地保留，从而节约耕地；另一方面，便于灌溉。农作中，灌溉的重要性显而易见，村落前为水塘，水塘之前地势低于水塘的地方一般都是家族的农田了。这种布局可以有效地控制水田的用水量与水塘的储水量之间的关系。

2.1.3.2　建筑排水高效顺畅

建筑群前低后高便于高效、顺畅地排水。惠州境内河流众多，传统村落择址多靠近江河，河水上涨容易波及村落，加之惠州在春、夏季节，时有暴雨发生，如果未能将暴雨之后的积水短时间迅速排出的话，建筑群就容易产生内涝。村民们习惯将河水上涨、淹没村庄时的水位高度记录在村内重要建筑墙面上，比如龙华镇绳武围外墙书写"53年洪水位"（图2-1-11）、永汉镇合水口村外墙书写"历史洪痕20.62米，发生时间1950年05月"（图2-1-12），反映出洪涝灾害预防在村落布局与建筑上的重要性。建筑群前低后高便于排水，建筑群末端建筑地坪与建筑群前端晒坪的地坪高差较大，部分村落前后

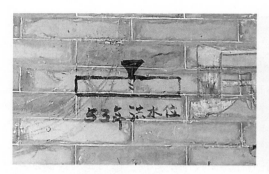

图2-1-11　龙门绳武围洪水位
（图片来源：作者自摄）

图2-1-12　龙门合口村洪水位
（图片来源：作者自摄）

地平高差达四五米，主要纵向巷道垂直于水塘的设计显然是通过地势迅速排涝的有效方式，同时，晒坪前面的水塘在暴雨之时更有蓄水之用。就屋脊高度而言，后厅正脊高于前厅和中厅，表达步步高升的美好愿景，在实际功能上既满足采光的需求，同时因为屋脊的绝对标高更多是通过地面的抬升来达到的，所以前低后高的布局也便于排水。

博罗湖镇的排水系统堪称一绝，建村几百载，尚无积水记录，其排水系统依据自然地形，从村落择址、村落布局、明沟暗渠等角度着手，形成完善体系。第一，近河择址、开挖护村河。湖镇围北面600米左右，沙河蜿蜒而过，村落引入该河水，开挖环村的护村河，在村的南面开设出水口流向下游的河流。护村河水面宽达二十余米、水深达六米，可见储水量之大。第二，中间高、沿河低的依山而建布局。村落传统堪舆选址的"龟背"地形，四周临水，环水域原有一圈青砖砌筑的围墙，整个地势中央高、沿河低，建筑群由后山最高位置依地势渐次展开，沿河的建筑地坪最低。第三，大小沟渠纵横交错。围内南面靠河是村内主干道，主道北侧又有若干南北走向的次道，次道与次道之间还有若干东西走向横巷相连，近百条大小各异的巷道纵横交错，连接着各个院落。雨水沿着纵横交错巷道的明沟暗渠，由高到低顺势流向前方的护村河内。如雨势过大，来不及排往护村河，主干道地下的大排水沟亦可暂时集水，再排往护城河。这条大排水沟内部高约1.7米，据村民介绍，抗日战争期间，日军入侵此地时，族人藏在这条大排水沟内躲过一劫，由此亦可知排水沟对于一个村落而言规模之大，集水量之可观。

2.1.3.3　建筑朝向四面八方

惠州传统建筑的朝向因背山面水的地理条件而呈现各种的可能性。由于惠州传统村落依山就势，山形、水势的不同位置，带来村落朝向的各不相同，建筑朝向无法强求坐北朝南。南向依然是最好选择，可以是正南、东南、西南等朝向，朝东也是不错的选择，正东、东北、东南均可，亦有不少村落朝北、朝西。惠州境内河流主体方向是自北向南，但期间不断地因为山形地势等原因而改变流向，比如自东向西而流突然改成自北向南流，形成肥沃的沉积岸，加之山丘等靠山，形成宜居之地，村落朝向因之而顺应，各有不同。比如龙华镇水坑村，增江在北自东向西、山丘在河流南向拐弯处在西侧，地理位置好，南宋时即已开村（时属增城管辖），村落朝向为东向。龙华镇绳武围与此类似，只不过山丘在南边，所以村落朝向为北向，建筑群与北面增江之间是一片宽阔的沉积地，适于耕种。西北朝向村落，比如龙门永汉镇马图岗村。还有坐东朝西村落，比如龙门永汉镇合口村，位于增江与永汉河交汇处，建筑与村落朝向相同，坐东向西。

2.2　基于气候条件的适应性营造

惠州属于低纬度地区，北靠南岭，南临南海，70%境域位于北回归线以南，处于西南季风与东北季风交汇处，受温带和热带天气系统的共同影响，太阳高度角较大，日照时间较长，辐射常年较高，气候温暖，雨量充沛，无霜期长，四季常绿，属亚热带季风气候。第一，气温，年平均日照时数为1741.1～2068.2小时，日照时间长，年平均气温20.9℃～21.9℃，夏季极端气温最高38.3℃～39.3℃，极端最低气温−4.4℃～0.1℃，夏长冬短、气候温暖，夏季长达六、七个月，冬季不足两个月。第二，降雨，平均雨量1760.0～2451.9毫米，5～8月降水日数占总日数1/2以上，降雨量夏季最多，冬季最少。第三，湿度，年平均相对湿度79%～81%，春夏大于秋冬，且降雨量多于蒸发量。第四，风速，年平均风速1.2～2.5米/秒，受地形和地理位置影响，越靠近沿海平均风速越大，山上的风比山下的要大[①]。因此，惠州传统村落与传统建筑在防热、防雨、采光、通风等方面采取多种措施以适应当地炎热、潮湿多雨气候特征，极富地方特色，显现出惠州人民的无穷智慧，反映了当时社会发展的物质文化水平。

2.2.1　传统村落营造微气候

惠州传统村落注重利用规划布局，合理通风散热、遮阳隔热，营造适应本土气候特征的微气候环境。

2.2.1.1　巷道与天井空间

惠州传统村落形态多样，但总体而言，建筑纵横交错，规划比较密集，室外空间

---

① 数据来源：惠州市地方志编纂委员会. 惠州市志[M]. 北京：中华书局，2008：375-386.

少，善于通过巷道、天井空间的组织来获得较好的遮阳、通风、散热的效果。

　　村落通过密集、规整、有序的建筑布局可形成自遮阳系统。村落中建筑墙体相互靠近，暴露在室外的空间如巷道、天井大多呈狭长状，空间狭窄，表面面积不多，纵向巷道或天井两侧的建筑墙体，可相互遮挡，墙面和地面接收到的太阳照射时间短，从而有效地减少建筑对太阳辐射的吸收，利于建筑隔热；同时降低建筑墙体与地面向空中的长波辐射，从而形成降低建筑室内温度，防止室内过热，提高居住的热舒适度。

　　建筑防热的另一主要手法是通风散热，其中包含风压通风和热压通风两种情况。风压通风时，气流路径如何要视村落的朝向而定。如果朝向主导风向，风掠过村前池塘和晒场，从村前纵巷巷口进，沿纵巷流向后山，因"狭管效应"可将建筑内部热量带走。另一方面，由于下垫面材质的不同，全村的温度场从高到低分布是：村前晒场和村前街——户内天井——纵巷——横巷——侧门相对的冷巷——池塘——后山风水林，这种天然的温差分布可形成热压通风，此时后山风水林作为冷源，冷气流从此流出，经纵向巷道入横向巷道，从天井排出，巷道和天井形成完善的热压通风通道。

2.2.1.2　绿化

　　绿化是个自然调节器，惠州传统村落不仅在村址选择上慎重考虑，而且通过建筑群前方的田畴、水塘边植物、村口乔木以及建筑后方的风水林等绿化措施，起到防风、降温、固碳释氧气、涵养土质等作用，从而营造山清水秀、环境适宜的人居环境。第一，绿化是防风的有效措施之一，越茂密的森林，防风作用越明显。树干、树枝和树叶均可阻挡气流前进，当气流通过树林后速度会减慢，因此惠州传统村落建筑群后面的风水林能起到阻挡北方寒冷气流的作用。第二，降温。村落中广为种植树木，其树枝、树叶形成浓荫能遮蔽太阳的直接辐射，通过树叶间隙到达地面的阳光明显减少；植物进行光合作用吸收阳光时，大量蒸发水分，这个过程会消解太阳辐射，从而达到降温的作用。因此，惠州许多村口种植高大的乔木，比如榕树、樟树等，成为村落重要的景观，树底下的空间成为村民消暑纳凉、聚会休闲的重要户外场所。第三，树木能极强地吸取地下水分和含蓄水分，能有效地防止水土流失，能让植物周边的地面干燥。

2.2.1.3　水体

　　水因具有良好的蒸发降温性能，在村落中起着重要的热微气候环境调节作用；另一方面，水体的比热容较大，在同样受热或冷却情况下，水体的温度变化比陆地较小。惠州传统村落利用水的这一特征，择址江河附近，或在村落前开挖水塘，让水体成为村落的冷源，通过水面与建筑群所在地面的热力差驱动空气的流动，给村落降温。

2.2.2 建筑形制与构造应对湿热风

惠州属于炎热、多雨、潮湿地区，建筑对气候的适应性主要体现在屋面、墙体的形制与构造上，主要途径除了对建筑的朝向和总体布局进行合理的安排、正确选择外围护结构的材料与隔热形式、组织良好的自然通风、适当绿化外，还要采取合理、有效的防雨措施。鉴于此，岭南传统的民居建筑一般采用坡屋顶以利于屋面排水、厚墙以便于隔热、墙上开小窗以阻止室外热量的进入、室内大空间且高低错落以形成气流，通风散热。在传统建筑中，很多构造方式往往可以达到通风、隔热、遮阳等综合效果。

2.2.2.1 防雨

惠州雨季时间长，且暴雨频率大，传统建筑的屋面通过坡度调节、反水、软水等做法来快速、有效地排出屋面雨水，减少渗漏机会。

第一，屋面坡度。惠州传统村落建筑的屋顶多为双坡屋面，形制主要为悬山顶、硬山顶，且基本为直坡屋面，少有举折现象，这种做法"适应从明代开始到近代500多年间岭南风雨灾害严重加剧的气象特点"[①]。屋面常见坡度在25°到30°之间，这种坡度便于雨水快速排离屋面，同时有利于防风。

第二，瓦面防"反水"做法。惠州传统建筑常见瓦面形式之一为蝴蝶瓦，蝴蝶瓦面一仰一合，由仰瓦、合瓦组成，构造较为简单：面阔方向的檩条上搁置椽子，椽子上铺仰瓦，仰瓦搭接常见做法为"搭七留三"或"搭八留二"（图2-2-1），即上一片瓦盖住紧邻的下一片瓦的70%或80%，形成瓦沟，两条瓦沟之间用合瓦覆盖，形成瓦垄，瓦垄上的雨水流向瓦沟，顺着坡度排走。仰瓦瓦片更大，被称为大瓦，又因铺设为在下、形成瓦沟

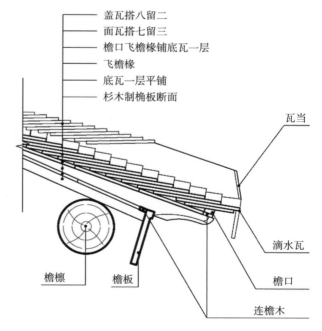

盖瓦搭八留二
面瓦搭七留三
檐口飞檐椽铺底瓦一层
飞檐椽
底瓦一层平铺
杉木制桷板断面

瓦当

滴水瓦

檐口

连檐木

檐檩　檐板

图2-2-1　蝴蝶瓦构造大样
（图片来源：作者自绘）

---

① 汤国华. 岭南湿热气候与传统建筑[M]. 北京：中国建筑工业出版社，2005：169.

而被称为底瓦，仰瓦呈梯形，常见规格为大头宽24厘米、小头略窄为23厘米、长度为25厘米；合瓦更小，又称小瓦，因作覆盖之用而被称为盖瓦，合瓦亦呈梯形，常见规格为大头16厘米、小头宽14厘米、长18厘米。蝴蝶瓦面一般不需要灰砂粘合，能有效减轻屋面自重。铺设仰瓦时通常大头在上，铺设合瓦时大头朝下，瓦片与瓦片之间贴合的密实度很重要，尤其在屋面"反水"时，也就是雨水在风作用下倒灌时，能较为有效地防止雨水横向扩散到相邻两行瓦之间的缝隙，减少雨水渗漏到椽子。

第三，瓦面"软水"做法。惠州传统民居屋脊和屋檐都呈两端微微弯曲上翘的弧形，做法是把檩条的外端抬高一点，称为"软水"。因为屋面檩条外端抬高，檩条相互抵紧，所以可以有效防止屋面倾侧和滑移，有利于屋面的结构稳定。

第四，屋面交接做法。惠州部分传统建筑规模较大，屋面组合方式不同，瓦面相连回转、穿插相叠，衔接处形成一条汇水沟，此处集水量大，为了雨水迅速排出屋面，通常做成"一垄双沟"（图2-2-2），即汇水沟中间用瓦片垒起一条瓦垄，瓦垄与屋面交接自然形成两条瓦沟，增加了排雨通道，减少雨水停留在瓦面的时间。如果汇水沟采取没有垄的单沟做法，则铺设的底瓦尺寸与弧度远大于常规用瓦，名为"缸瓦"，可见其面积之大。

图2-2-2　汇水沟"一垄双沟"做法
（图片来源：李光辉摄）

2.2.2.2　防热

惠州属亚热带季风气候，夏季时间长，建筑构造必须充分考虑防热。

屋面是建筑接受辐射热最直接、最多的部分，表面温度受环境影响大。惠州屋面没有苫背层，方形扁椽亦较为轻薄，厚度多为25~30毫米、宽度为100~110毫米，所以整个屋面薄且轻，白天接受日晒后，内表面温度容易升高，但蓄热不多，待太阳下山后，屋面向天空辐射长波辐射热，表面温度能迅速降下来，从而减少屋面向室内的长波辐射。此外，惠州传统建筑瓦面底部基本不做天花，通风与散湿得到更多保障。

隔热主要依靠建筑外墙。惠州传统建筑墙体多采用黏土砖砌筑，比较厚重，除结构上支撑梁架和屋面外，因为热稳定性佳，同时由于高墙窄巷的互遮阳作用，外墙接受日照的时间也短，从而达到良好的隔热效果。

惠州传统建筑非常注重通风，通风主要采用热压通风，而非风压通风的方式。因为建筑对外封闭，主导风不容易进入室内，因而多通过天井、内门等组织热压通风。尤其是天井，无论白天还是晚上，无论热压通风还是风压通风，天井内空气流动必定会带动周边房屋的空气流动。比如客家建筑的"上五下五"形式、广府建筑的三间两廊形式、潮汕建筑的爬狮形式等，热压通风的进出风口是天井上部开口，直接面向天空。夏季白天，太阳辐射强烈，天井地面和周围墙面受到太阳照射，温度不断上升，天井内空气受热后，密度降低，热空气由天井口向上运动；室内墙体与地面空气由于不受太阳直接照射，空气温度相对更低，密度更高，由于室内与室外空气密度差，空气由高密度区域流向低密度区域，于是室内空气流向天井。夏季晚上，对流现象相反，由于天井地面和周围墙面向天空的长波辐射，以及居民向天井地面泼水蒸发降温的习惯，天井内空气温度下降较快，密度变高；室内墙体开始释放热量，室内空气相较室外温度更高，密度更小，由于密度差，天井内空气流向室内。当建筑内有多个天井时，比如客家三堂两横、广府排屋、潮汕三厅串等民居形式，天井通常大小不等，风压通风时大天井是进风口，小天井是出风口，调节通风强度。多个天井在热压通风时，白天大天井因空气温度升高快，密度降低，小天井温度升高慢，密度相对更高，于是小天井空气流向大天井，从而降低大天井空气温度；与此同时，各个小天井又能快速从天井上空补充新鲜空气，从而形成基本通风模式。

2.2.2.3 防风

惠州台风季节长，在屋面形制上通过裹灰、压面的做法来减少台风对屋面的影响。辘筒瓦屋面（图2-2-3）的工艺流程为：底瓦直接铺在两扁方椽间，凹面向上，形成瓦沟；两底之间的缝用砂浆抹满，其上覆盖筒瓦，形成瓦垄。瓦垄需进行裹灰，裹灰材料为草筋灰、中砂等，面层再批乌烟膏、裹黑灰。辘筒瓦面施工工艺相较复杂，要求瓦匀垄直、浆色均匀、干净利落、秩序感强，一般使用在祠堂、庙宇，以及家境富裕的民居建筑上，尤其是第一进的前坡屋面。板瓦屋面的瓦头通常也采用辘筒灰形式。裹灰做法不仅防雨水渗漏效果好，也有助于防止台风对建筑

图2-2-3 辘筒瓦屋面
（图片来源：作者自摄）

影响，因此，屋脊也多用裹灰，用瓦片或青砖铺砌正脊、垂脊之后，表面做裹灰。此外，沿海地方，如果瓦面是板瓦屋面，则会在屋面上压很多青砖，防止屋面瓦片被台风掀起（图2-2-4）。

图2-2-4　惠东溪美村民居屋顶青砖压面
（图片来源：作者自摄）

2.2.2.4　采光

惠州传统村落建筑，外墙一般不开窗，门洞主要朝内开，外墙的门洞为整个建筑的出入口，建筑内的天井成为主要采光渠道，形成"亮厅暗房"的居住环境，房间的采光不足、照度不均，在日出而作、日落而息的农耕时代，只能基本满足生活需求。此外，惠州客家建筑外墙上开设的外窄内宽的枪眼，在保障防御功能的同时也能满足基本采光需求。清代中晚期，瓦面分散铺设几片明瓦（玻璃）以便采光；有些建筑在山墙开设高窗，窗口面积小，用材常见为绿琉璃或石材，既能满足部分采光需求，也能达到良好的通风散热效果。

2.3　基于地方资源的适应性营造

因地制宜地运用地方资源进行建筑营造是传统建筑的基本特征，惠州传统建筑充分利用本土木、石、土等资源，并因材施用。

2.3.1　就地取材

2.3.1.1　土

土是最易获取的建筑材料，在惠州传统建筑中，通过添加其他材料，经过相关工艺，转变成夯土、土坯砖等墙体砌筑方式。

夯土墙，也称板筑墙，是用夯杵将黏土等材料用力夯打密实成型而建造的墙体。夯土墙的主要材料是黏土、砂子和石灰，有些掺入红糖水和糯米浆以增加坚硬度和耐久性，经过一段时间封堆、熟化，再行施工。为了节省材料，墙体中也会加入卵石（图2-3-1）或块石一起夯筑。夯土墙的材料中，土的质量非常关键，关系到墙体的坚固性，因此选择黏性好的土更能保证墙体的整体性与足够的强度。如果土质黏性差，石灰含量少，夯筑的墙体质地疏松，在风吹日晒雨淋之后，容易风化、剥落、坍塌（图2-3-2）。施工时，先用活动木模板夹成墙体厚度，再放入熟土进行夯实，每夯筑到

图2-3-1 惠州某民居夯土墙体1
（图片来源：作者自摄）

图2-3-2 惠州某民居夯土墙体2
（图片来源：作者自摄）

一层楼的高度时，为搁放楼面檩条，墙体内墙面通常向内收三寸左右，这种退台递收的做法既解决楼檩安放问题，也减轻墙体自重，结构上更加稳定。夯土墙体厚度内外差别较大，内墙一般在300～420毫米，外墙因为其防御功能，故较为厚重，如惠东梁化镇石屋寮村的九井十八厅外墙为三合土砌筑，墙高6米，墙厚640毫米；惠阳镇隆镇大光村崇林世居外墙体三合土中石块较大，墙体厚度约为700毫米。

　　土坯砖墙。土坯砖建筑是一种古老的建造方式，使用历史长，利用土、草、水等唾手可得材料通过压制或模制而成，步骤大致如下：首先需选取有机稻田上面15～20厘米的熟土；再选取干稻草，将稻草斩成10厘米左右长，拌和在熟土中并用牛踩拌和了干稻草的熟土；之后将踩拌均匀的熟土进行封堆、熟化，约半个月时间后再加水进行拌和，人脚踩匀；钉制制作土坯砖的木砖格，将踩匀的土按量放入已钉制好的木砖格中，抹匀表面，然后就地充分晒干晾透即可使用①。土坯砖体积不大，制成灵活，晒干垒墙，单人即可上手，虽然制作略显耗时，但因是预制品，所以砌筑时快捷，省工省时；此外，土坯砖墙具有建筑成本低、隔声效果好、保温性能强、易于维护、环保等优点，所以土坯砖墙在惠州广受欢迎，尤其在客家传统建筑中广为使用（图2-3-3）。夯土墙和土坯砖墙砌筑完成后，表面一般用白灰罩面，以减少雨水对墙体的冲刷，也更为美观、实用，抹面之后可以进行彩绘等装饰。

图2-3-3 博罗徐田村五经魁土坯砖墙
（图片来源：作者自摄）

---

① 杨星星. 清代归善县客家围屋研究[M]. 北京：人民日报出版社，2015：165.

混合墙，即同一扇墙体采用两种以上砌筑方法。由于墙体下部容易受到雨水侵蚀，惠州先民逐渐摸索出适应本土气候特点的墙体砌筑方法：下半部分墙体为三合土墙，或是卵石墙、条石墙、乱石墙，上半部分墙体则为土坯砖或青砖砌筑（图2-3-4）。

图2-3-4 博罗徐田五经魁混合墙
（图片来源：作者自摄）

2.3.1.2 卵石

惠州境内河流众多，带来丰富的卵石材料。卵石在惠州传统建筑中主要载体为墙体和地面。卵石通常作为夯土墙材料，与土、石灰等夯筑为墙基，墙基之上如果是青砖墙体，则在与夯土交接处先铺砌一皮丁砖（图2-3-5）。卵石也作为地面材料大量使用在天井（图2-3-6）、天街、晒坪等室外地面。

图2-3-5 博罗徐田村五经魁卵石墙基
（图片来源：作者自摄）

图2-3-6 卵石天井地面
（图片来源：作者自摄）

2.3.1.3 岩石

惠州山多，岩石亦多，《龙门县志》记载，"变质岩分布麻榨墟至增城县正果墟一带；砾岩、砂岩及石英质砂岩分布永汉墟、香溪墟及路溪墟之南中部；页岩及泥质砂岩分布龙华墟、油柑岭、将军帽至县城附近"[1]。

各种岩石在惠州传统建筑中通常以条石形式出现在墙基、地面、门面、柱子、门枕石等载体中。博罗县龙华镇旭日村洛峰陈公祠（图2-3-7）采用惠州广府民系祠堂建筑常见的用材形式，大量使用花岗岩石材，在石材使用方面很具代表性。第一，墙基使用六皮条石，最底下一皮横放，其余为竖砌筑。第二，大门周边使用条石，门面底部条石

① 民国二十五年龙门县志 · 卷一县地志 · 地质：12.

图2-3-7　岩石在传统建筑中的使用（博罗旭日村洛峰陈公祠立面）
（图片来源：作者自摄）

缝隙与墙体条石墙基缝隙齐平，完美过渡。第三，心间地面、两次间墊台等地面均为条
石铺设。第四，檐柱、檐柱础、角柱、门枕石等构件均为花岗岩石。

2.3.2　因材施用

在房屋的建造过程中，根据材质的不同特性，确定材料的使用部位与方式。惠州传
统建造中，木材和青砖的使用充分反映了这一特征。

2.3.2.1　木材

惠州自然条件优越，植物组成和分布较稳定，天然林有南亚热带季风常绿阔叶林，
常见树种如香樟树、榕树等，针叶林常见有马尾松、杉树等[①]，其中马尾松是"惠城分
布最广、数量最多的树种，有16万亩，占城区有林面积九成多"[②]，建造时根据木材的不
同特性，使用在不同的位置。惠州杉木资源较为丰富，由于杉木具有材质轻、易干燥、
收缩小、耐久性好、树干直等特性，因此在惠州建筑中大量使用，比如梁架上的梁、柱
等，屋面木基层上的檩条、椽子、飞檐椽，小木作上的门、窗等构件，均为杉木材质。
同时，由于杉木具有木质细密、纹理流畅的特点，使其适合雕刻，所以小木作上的屏
门、檐板、梁底等木构件也是用杉木制作，并施以雕刻。另外，樟木是惠州常见的阔
叶树种，在惠州秋长街道周田村的古树公园，保留有10棵古樟树，其中600年以上的一
级古树1株，500年以上的一级古树2株，300年以上的二级古树7株。樟木具有木质细腻、

①　惠州市地方志编纂委员会. 惠州市志[M]. 北京：中华书局，2008：1514.
②　邹永祥. 惠城文史资料第十六辑[G]. 惠州：惠州市惠城区政协文史资料研究委员会，2001：31.

纹理细腻的特性,散发清馨怡人的香味,防虫防霉效果明显,因此在传统建筑中,富裕的建造者也会选择樟木做封檐板等构件用材,进行精心雕刻。

2.3.2.2 青砖

青砖是常见的建筑材料,黏土高温烧制而成,具有透气性好、吸水性好、耐磨损、抗氧化、不变色等特点,在惠州传统建筑中大量使用在墙体、屋脊、地面等不同部位。第一,青砖墙。即用青砖砌置而成的墙体,一般采用"清水墙"做法,即墙体表面不抹灰,直接裸露青砖和砖缝。惠州常见青砖墙体。常采用双隅墙做法(图2-3-8)。青砖顺砌一行为一"隅",顺砌两行为两隅,为加强两隅之间的拉结,用青砖丁砌,这就自然而然形成墙体内的孔洞,墙体的厚度即是青砖的长度。这种带孔洞的空心砖墙不仅具有节约用材的特点,而且减轻墙体自重,具有良好的隔声、隔热等性能。青砖有时和土坯砖结合使用,青砖朝外,土坯砖在内,两者之间亦通过青砖丁砌进行拉结,俗称"金包银"(图2-3-9)。青砖和三合土、条石等结合砌筑,青砖在上,条石、三合土在下。第二,屋脊青砖压顶,青砖砌筑屋脊,表面裹灰(图2-3-10)。第三,青砖地面,用青砖铺砌的地面,铺装成席纹、人字纹、十字缝等形式,用于室内、天井等地方。由于青砖气孔多,容易吸水,惠州整体气候环境偏潮湿,容易诱发青苔生长,因此,惠州传统建筑中,青砖地面不如三合土、阶砖、麻石、鹅卵石等地面形式应用广泛。

图2-3-8 双隅墙
(图片来源:作者自摄)

图2-3-9 "金包银"墙体
(图片来源:李光辉摄)

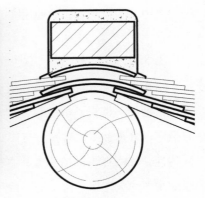

图2-3-10 屋脊青砖压顶
(图片来源:庄家慧绘)

社会时代精神是建筑文化地域性格的另一个基本维度，是建筑审美文化特征的重要表现。社会时代精神探讨社会因素对惠州建筑的影响，阐述经济发展、军事防御、社会组织、生活习俗等在建筑上留下的印记。在早期，城市选址首要考虑长治久安的问题，因此惠州的城市格局有比较明显的防御性。随着封建社会经济发展水平的提高，惠州作为粤东交通枢纽的作用日益突出，历史城区由防御、封闭发展成商贸繁荣之地。惠州是多民系交融的地区，客家、广府、潮汕三大民系繁衍生息，孕育出各具特色的传统建筑文化，传统村落空间布局的差异反映出不同民系的性格特征、文化观念和审美趣味，而村落建筑的空间营造又折射出崇宗敬祖、重视宗法礼制的思想。

第3章 惠州传统建筑社会时代精神

3.1　双城格局从防御封闭到商业繁荣

惠州府县双城的城市格局在选址、建设之初，为求城市的安全与稳定，把军事功能置于首位，注重城墙等防御工程的建设，呈现出对外封闭的状态。随着惠州在东江流域商贸地位的不断增强，经济成为推动城市发展的重要动力，城市因而从封闭走向开放，逐渐转变为"一街挑两城"的城市格局特征。

3.1.1　惠州府城：天造水屏

本书第二章第一节中探讨过惠州府城择址是基于自然环境的慎重，事实上，这一选择亦来源于对古城军事防卫、扼控水路交通要冲便利的缜密考量。

3.1.1.1　岭东雄郡，战略要塞

"岭东雄郡"之誉源自惠州东扼潮梅、西屏省城、北阻五岭、南卫海疆的险要地势，无论是陆地还是海洋都是镇守岭南腹地的东大门。

惠州是古代重要的军事要塞。粤东地区地理形势为莲花山脉和武夷山余脉分割所形成的几个地理区块，州郡治所则设置在各区块的交通聚散之地；历史上，惠州府与嘉应州、潮州府、广州府的州郡边界与这几个地理区块的界线基本吻合，惠州位于广州和潮梅之间，东边扼守潮州、梅州，西部屏障广州。另外，惠州府辖境辽阔，先后辖归善、博罗、长宁、永安、海丰、河源、龙川、和平、连平、长乐、兴宁等县（图3-1-1），诸县多地势险峻而处于要冲地势或要道交通。清光绪《惠州府志》卷二"舆地·形胜"中记载，"惠居岭表东南，依山阻海，蓝关一隘锁钥赖之。和平东山依郭，花嶂凌霄，联络闽广，控引龙安要害之冲。长宁倚铁嶂，瞰石溪，左滩为池，右岭为郭，信溪山之雄。永安紫金作枕，琴江如练，群山之纽，联络归、长、河、海四邑之要区也。连平北屏凤嶂，南案仙岭，千峰簇拥，万壑环流，屹然一巨镇矣"[①]。正因如此，惠州府城府衙前有一座牌坊，匾额书"岭东雄郡"，彰显其重要的战略地位。

惠州作为镇守岭南腹地的东大门，其军事价值逐渐为封建统治者所重视，尤以明清两朝为甚。为守护疆土，朝廷不断在惠州增设军事防备力量。历史上，明洪武六年（1373年），置惠州卫于惠州府，统领龙川、长乐、河源等千户所，为广东十卫之一。按顺治九年经制设惠协副将一员驻防惠州府城，以原卫堂为副将署。统辖通府各营绿旗官兵5500余名。明万历元年（1573年），军门移镇惠州。清康熙元年（1662年），原驻省城

---

① ［清］刘溎年. 惠州府志[M]. 何志成，点校. 广州：广东人民出版社，2016：32.

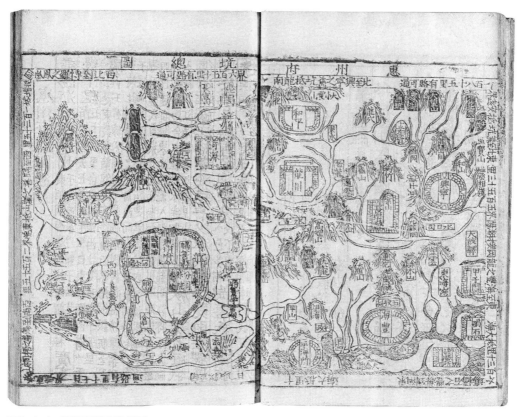

图3-1-1　明代惠州府境总图
（图片来源：[明]杨载鸣. 惠州府志[M]. 惠州市档案馆，点校. 2019: 12-13.）

的提督军门移驻惠州，左右翼游击四员，领左右前中四营，目兵4000名。清嘉庆十五年（1810年）增设水师提督，驻虎门，驻惠提督遂专辖陆路。

惠州的要塞地位，还可以通过多次重大军事事件加以说明。唐武德五年（公元622年），俚将杨世略以潮、循两州降唐，任循州总管，潮、循两州在改朝换代中得以平稳过渡。宋代，文天祥曾屯兵惠州以军事防守。明洪武元年（1368年），原江西行中书省左丞何真，遣其都事刘克佐至潮州，以广、惠、梅、循4州降明征南将军廖永忠，奉诏封东莞伯，明军顺利平定广东。明嘉靖年间，粤东山寇、海寇、日本倭寇四处作乱，嘉靖四十一年（1562年）诏赣南副总兵俞大猷会同惠、潮、汀、漳等府官兵进行连续围剿，又诏广东新设巡抚，驻惠州府城。清顺治三年（1646年），清军从福建南下，经潮州、惠州进攻广州，潮、惠守将不战而降，广州被轻易拿下，南明邵武政权仅40天便灭亡。清康熙十五年（1676年），潮州镇总兵刘进忠举兵反清，联合二十余镇，围攻惠州府、归善县两城，炮火熏天。可见，惠州是粤东中枢，重要性不言而喻。

3.1.1.2 临湖沿江，以水为屏

惠州府城依托东江、西枝江与西湖的天然屏障，构筑临湖沿江的防御体系，据险而守。府城所在地，是东江及其支流西枝江的交汇处，北为东江、东为西枝江，西边自北而南依次为西湖的平湖、丰湖、南湖，这是一块两江与西湖合力包围的岛，四面环水省却开挖护城河，再加上城周边没有开阔地，易守难攻，在军事上是天然的绝佳防御之地（图3-1-2），四面环水省却开挖护城河，再加上城周边没有开阔地，因此整座城就攻难守易了。城内方山、印山、银冈岭等地势相对较高的小山，这些小山在军事上可以作瞭望等防御功能，在洪水侵城之时亦可作避水之地。

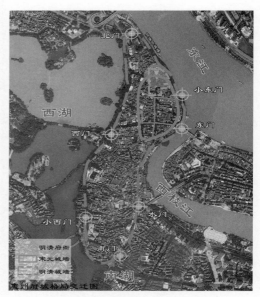

图3-1-2 惠州府城变迁图
（图片来源：底图来自百度地图，庄家慧改绘）

宋、元时期，惠州府城在梌山已筑成完整城墙，范围极为狭小：东门在今东新桥附近，南门在今中山南路1号附近，西门在今中山西路与国庆路交界位置，北门在今市航运局宿舍位置；城内道路主要道路呈十字交叉形。作为军事上的重要城池，惠州府城的选址是成功的。其后更是经过明代洪武、嘉靖年间两次扩建，城池更为坚固，即便惠州遭受围攻，也多是久攻不下，比如清咸丰四年（1854年），太平军翟火姑率万余部队围攻府城，耗时半个月未能得逞。正如惠州民谣所唱，"铁链锁孤州，白鹅水上浮；任凭天下险，此地永无忧。"直至1925年10月国民革命军第二次东征惠州之战时，惠州府城池才被攻破。城池破防的原因是多方面的，首先是国民革命军英勇奋战的结果；其次是攻城使用的武器较传统社会冷兵器时代有了巨大变化；再次，城内居民长久围困于军阀统治，早已民不聊生、怨声载道；最后，府城城墙有文字记载的最后一次修葺在清道光二十八年（1848年），自此至民国未见修葺记载，期间洪涝灾害亦时有发生，但未能得以修葺，影响城墙牢固性。天时、地利、人和均失，府城破防在所难免。

3.1.1.3 高垒城池、增强防御

城墙是军事防御的基础，在古代战争中起着重要的防御作用，在元明鼎革之后，惠州府不断加强城墙建设。元朝，马上征战的蒙古民族没有倡导城墙建设，因此鲜有城墙修筑记载；明朝建立后，开国皇帝朱元璋认为"如江山永固，非深沟高垒，内储外备，不能为安"，开始修建明长城，各郡、府、县亦广为建造城池。

明洪武年间的两次城池扩建奠定了惠州府城的格局。明洪武三年（1370年），知府万迪同守御千户朱永率军民建造城池。明洪武二十二年（1389年），"既立卫，乃拓为今城。高一丈八尺，周围一千二百五十五丈。雉堞一千八百四十。门七曰：惠阳、合江、东升、西湖、朝京、横冈、会源。门之上为敌楼七座，旁列窝铺二十有八"[①]。范围大致以今天的水门路、南门路、长寿路、长寿路、环城西路、滨江西路为界，城墙周长3903米，高5.6米，雉堞1840垛，面积0.75平方公里。7座城门依次对应为：东门、小东门、小西门、西门、北门、南门、水门。此时的府城城墙，"东北带江、西南萦湖"，已有固若金汤之势。

此后，惠州府城多次重修。明正统九年（1444年），"知府郑安府建府城鼓楼，用石甃拱门"[②]。"嘉靖癸巳（1533年），知府蒋淦曾易诸门额；戊戌（1538年），飓风作，楼堞咸圮；辛丑（1541年）知府李玘重修；丙辰（1556年），知府姚良弼、通判吴晋阅城垣低薄请增筑之，请增筑之，军城起水门牛衙前，止小西门都督坊，长三百八丈五尺；民城起都督坊，止武安坊，三百五十七丈九尺，各增高三尺。"[③]"（明嘉靖）三十八年（1559年），知府顾言复增筑，增高一尺五寸，易雉堞之锐者为平。崇祯十三年（1640年），知府梁招孟奉诏增筑，帮厚五尺。"[④]惠州上米街至渡口所仍保存一段明代府城城墙，长约500米，高7.5米，青砖砌筑（图3-1-3）。"清顺治十二年（1655年），惠州府建城东、城西炮台各1座"[⑤]。"国朝顺治十八年（1661年）重修，康熙二十四年（1685年）知府吕应奎重修，凡城垣、门楼、窝铺、马路、水关、炮台咸新之。"[⑥]"清康熙五十九年（1720年），知府吴骞就任，捐俸，佐以赎刑罚金，修府城数百丈，阅岁告成。"[⑦]"清雍正七年（1729年），提督奉行督修。乾隆三年（1738年）、八年（1743年）俱奉准部咨动项修葺，周围一千三百二十六丈，高二丈二尺。道光二十八年，知府江国霖倡率官民照旧基一律重新，改西湖曰平湖（图3-1-4）、小西门曰环山、南门曰遵海，惟北门、水门、小东门、东门仍之。东北滨江，西南滨湖，无濠。"[⑧]

3.1.2 归善县城：二水为屏

归善县城早期变迁不甚清晰。"东晋太和元年（公元366年）博罗县析置欣乐、安怀两县，至南朝宋末，欣乐县亦隶东官郡。欣乐县治在后来的归善县城南105里处……

① [明]杨载鸣. 惠州府志·卷六建置 城池[M]. 惠州市档案馆，点校. 2019: 186.
② 惠州市地方志办公室. 惠州历史大事记[G]. 北京：中华书局，2005: 26.
③ [明]杨载鸣. 惠州府志·卷六建置 城池[M]. 惠州市档案馆，点校. 2019: 186.
④ [清]刘溎年. 惠州府志[M]. 何志成，点校. 广州：广东人民出版社，2016: 116.
⑤ 惠州市地方志办公室. 惠州历史大事记[G]. 北京：中华书局，2005: 59.
⑥ [清]刘溎年. 惠州府志[M]. 何志成，点校. 广州：广东人民出版社，2016: 116.
⑦ 惠州市地方志办公室. 惠州历史大事记[G]. 北京：中华书局，2005: 70.
⑧ [清]刘溎年. 惠州府志[M]. 何志成，点校. 广州：广东人民出版社，2016: 116.

图3-1-3　惠州府城城墙　　　　　　　　　　　　　　图3-1-4　平湖门（1938年10月）
（图片来源：作者自摄）　　　　　　　　　　　　　（图片来源：网络）

南陈祯明二年（公元588年），欣乐县改名归善县，县治从河南徙至白鹤峰下，仍隶梁化郡。"①由于未建城池，在元末农民起义中极易受到攻击，于是明洪武元年（1368年），县丞程监将县署徙建于惠州府城谯楼左侧。

　　归善县城城池建设开始于明代晚期，主要原因在于府城地狭、拓展受限，居民向东拓展，在明中晚期岭东匪寇猖獗之时，居民自发建造城池，后县治迁入，民城变更为官城，凭借东江与西枝江的自然屏障，以水御敌。

3.1.2.1　府城地狭、东向扩展

　　归善县城城池的建立与惠州府城的拓展受限息息相关。

　　宋、元时期，惠州府城在桵山已筑成完整城墙，但甚为狭小。归善人叶春及，明嘉靖三十一年（1552年）解元，在《万石后湖修筑桥堤碑》中开篇介绍府城情况时写道，"吾郡有水贯城中，中紫微，莫知所始，《志》曰：故城狭，南门门钟楼北，西门门公卿桥东"②。明代嘉靖年间的《惠州府治》卷六"建置"中亦有相关记载："宋、元故城甚隘，今钟楼即南门，平湖桥西门，城隍庙北门。"③宋、元时期府城东北沿东江、西枝江垒砌，西面沿上、下鹅湖东畔而筑，整个城池为江和湖围合，形成天然屏障。周长仅约1100米，面积仅0.1平方公里，可见宋元时期府城范围之狭小。

　　明代府城扩建，城池范围依旧捉襟见肘，且发展受限。由于府城陆地面积有限，城市扩展受到极大阻碍。尽管在明朝洪武年间将府城扩大，城墙长度达3900米，占地面积

① 惠州市地方志办公室. 惠州历史大事记[G]. 北京：中华书局，2005：2-3.

② 惠州市惠城区地方志编纂委员会. 惠州志·艺文卷[M]. 北京：中华书局，2004：109.

③ 广东省地方史志办公室. 广东历代方志集成：惠州府部（四）[M]. 广州：岭南美术出版社，2009：383.

扩至0.71平方公里,将鹅湖纳进府城,且进行填湖造田,但是,东西方向短、南北方向长的狭长地块里,容纳能力较低,府城内仍遍布水塘,加上各种官署、军营、庙宇等公共建筑占据了大部分城内陆地,府城外四面为水域,居住空间不足。于是,西枝江以东的陆地成为最为便利的居住地,因为西枝江水面较东江要窄,更便于架桥横渡,且这块陆地北临东江、西及南临西枝江,东面靠山,交通便利,因而渐渐成为居民繁盛之地。这块平地因在西枝江之东而得名"东平",又因地块三面环水,被称为东平半岛。

3.1.2.2 防匪寇之患,建民城、变官城

明中晚期,岭东地区遭受前所未有的寇乱、匪患,惠州府首当其冲,以明嘉靖年间的匪寇事件为例。嘉靖二年(1523年),梁八尺聚众400余人起事,势及潮、惠间,在归善等地均有活动。嘉靖三年(1524年),归善桃子园居民李文积招众习武,买战马,私刻官印,使用仪仗,活动于乡村,夺占田地。嘉靖七年(1528年),归善县民王基与王眷、王昙因赌淫导致荡产、行盗窃,其兄劝诫被杀,日见犷悍,发展至聚众夺民田业,盘踞一方。嘉靖二十九年(1550年),上杭杨立联合钟远通等500余人,踞归善、龙门等险要山地,张旗立号,四处出击。嘉靖三十八年(1559年),蓝能王道招等率队入县舍,杀知县舒颙及其家属5人,掠元岗、罗阳等村。嘉靖四十三年(1564年),以广东倭寇侵扰,免惠州等府州、县正官入觐。嘉靖四十四年(1565年),俞大猷部白头兵800余人驻惠州东平,垂涎居民蓄积,乘俞往军门请事,一夜焚劫之。次日居民争相入城后,乱兵又占据其屋,达一月之久。[①]这就不难解释明朝嘉靖年间的45年时间里,府志中关于府城修葺的记录多达四次:嘉靖十二年、二十年、三十五年、三十八年,频率之高,可见当时匪寇之凶、匪寇猖獗。然而,此时的归善县有治所、但无城池,面对匪寇,居民无处可庇身。于是,嘉靖四十四年(1565年),惠州庠生刘确、乡民黎俸等请建东平民城,以防守地方。明隆庆四年(1570年),惠潮守军把总周云翔勾结倭寇,犯惠州府城,焚劫东平,杀200余人,此事一出,东平民众筑城之心更为迫切。明万历三年(1575年),城池终于建成。明万历六年(1578年),归善知县林民止将县治由府城迁至东平民城,民城遂转变为官城。惠州府、归善县的双城格局自此形成。

3.1.2.3 城池建设

归善县城三面环水,北为东江,西、南两面为西枝江,城墙呈不规则的方形(图3-1-5),东西之间略宽,南北略窄,县城城门六座:东门辅阳门、南门龙兴门、西门通海门、北门娱江门(图3-1-6),以及两个便门、窝铺九间。另外,龙兴门,原在塔仔湖

① 惠州市地方志办公室. 惠州历史大事记[G]. 北京:中华书局,2005:31-36.

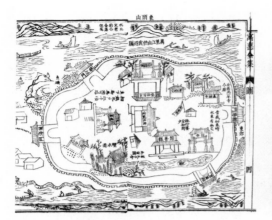

图3-1-5 归善县城图
（图片来源：作者翻拍于惠州市博物馆）

图3-1-6 归善县城娱江门（清末民初）
（图片来源：网络）

西岸，后被认为"当县庠之冲"，有碍风水，于是万历二十四年（1596年），知府程有守。

知县邓镳将龙兴门（图3-1-7）改建于塔仔湖东岸。明代尚书、太子太保叶梦熊为此撰写《改建龙兴门记略》，并赞叹龙兴门一带景观之壮美："水自西江（西枝江）而下，汪洋停滀，万顷如练；天马诸峰，积黛飞翠，缭绕屏列"。

之后归善县城又不断重修。崇祯十三

图3-1-7 归善县城龙兴门（民国时期）
（图片来源：网络）

年（1640年），知县王孙蕙增筑，"周垣马路增高三尺，重修城楼，建更楼二，窝铺六"，即增高城墙三尺，重修城楼4座、建更楼2座，窝铺六间。清顺治十七年（1660年），知县武荗重修；康熙十三年（1674年），知府钟明进、知县连国柱重修；清康熙二十三年（1684年）知县佟铭重修。清康熙二十四年（1685年）奉文丈量城垣，周围九百零四丈五尺，高一丈九尺，雉堞一千五百六十五。五十五年（1716年）知县欧鉾捐修城垣八十二丈，并南北城楼。雍正元年、七年屡修。乾隆四十年，阖邑绅士呈请捐修复南门旧址。历年以来，因县城濒临大河，北门正当东江之冲水，势直逼墙根，城垣马路多被淹浸倾塌。乾隆四年、八年修葺，四十四年知县章寿彭捐修，道光二十四年知县王启菜重修。咸丰四、五年，绅民陆续捐输，增筑东、南、北各面炮台。北滨东江，南滨西江，西与府城对峙，中隔一水通以浮桥，无濠[1]。

---

[1] [清]刘桂年. 惠州府志[M]. 何志成，点校. 广州：广东人民出版社，2016：116-117.

3.1.3 商业格局：一街挑两城

惠州府城与归善县城隔西枝江相望，衔接府县双城的是一条长长的街道，因其在西枝江之东边，而得名水东街。北宋元丰年间开始筑造，到明清时期成为东江流域最重要的商品集散地之一，民国时期商业发展达到鼎盛。随着水东街的发展与繁荣，惠州的城市格局随之发生改变，商业也因之得以大力发展，成为东江流域商贸往来重要的集散地。

3.1.3.1 "一街挑两城"格局的形成

明朝万历年间，归善县治所从府城迁至桥东白鹤峰下，与惠州府城隔江而望，两城之间的水东街成为了连接县城和府城的纽带，由此结束府城、西湖相依格局，进入双城、江湖格局，形成"一街挑两城"的城市特色，由此延续数百年（图3-1-8）。

老百姓用"一条直通街，两片砖瓦房"，生动描绘了府县双城通过东西贯通的道路衔接而成的"一街挑两城"的画面。这条直通街西起府城中山西路、中山东路，过东新桥，到水东街，延伸到惠新街原西门口、董公桥、县前街、东门街。东西走向的系直通街将府城、县城紧密地联系在一起，正因此，在完成两城城市扩张的同时，带动了以水东街为重点的商贸发展，水东街在清朝、民国时期是东江流域重要的商品集散地，商贾云集、热闹非凡。

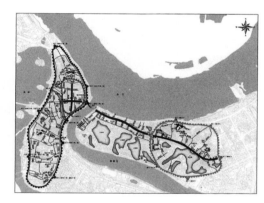

图3-1-8 惠州历史城区环境图
（图片来源：引自《惠州市历史文化名城保护规划》）

3.1.3.2 水东街商业发展与变化

水东街位于惠州府城、归善县城之间，可借助东江水运的便利发展贸易。水东街形成于宋朝，至明、清、民国时期达到繁荣兴旺。

宋朝是水东街形成并初步发展的阶段。北宋元丰年间（1078年—1085年），时任惠州太守的钱酥见水东地势低洼，便修筑一条泥路，以供行人来往。这条泥路便是今日水东街的雏形。位于东平村的东平窑是北宋广东三大民窑之一，其瓷器通过水东街远销海外，带来经济上的繁荣。苏东坡的《和陶移居二首》描绘了水东热闹的生活场景，"昔我初来时，水东有幽宅。晨与鸦鹊朝，暮与牛羊夕。谁令迁近市，日有造请役。歌呼杂闾巷，鼓角鸣枕席。出门无所诣，乐事非宿昔。病瘦独弥年，束薪与谁析"。北宋诗人唐庚谪居惠州时，用"百里源流千里势，惠州城下有江南"的诗句表达惠州城的繁华景象。

明清两朝，水东街的商贸往来频繁，商业建筑大量涌现，各类商会云集，城市建设不断完善，以保障商品经济的发展。水东街沿江呈狭长形态，由于没有城墙的限制，吸引了大量商人来此建码头、堆栈、茶楼、酒馆和民宅等，方便来往商旅和物资储运中转。归善县九个墟市中，东新桥墟市是其中之一，而衔接墟市的即是东新桥码头；归善县设有四个驿站，唯一的水驿便是水东驿。至清朝时期，水东街的商业日趋繁盛，各类店铺、商号林立，并形成各类商会，而不断进行的城市建设则是水东街商业活跃的反映。与此同时，清朝廷也加强了对贸易船只的规范管理。雍正元年（1723年），编查各处商渔船，惠州在广州、潮州的要冲，船舻杂处，奉旨编查船只；船头令油红色，桅杆一半油红，以墨笔大书某号至；各省来粤商船，亦照各省定色，一体编列。乾隆五年（1740年），砌筑府县两城街道。城厢内外向俱泥路，归善知县陈哲以石甃砌，行者便之。乾隆四十四年（1779年），知县章寿鹏进行了一系列建设活动，一是砌归善北城外马路；二是砌筑城墙，原因是东江水势逼近城根，担心崇堭未固，捐俸五百金以灰石砌筑二丈余，北城始获保障；三是修东新桥，增设桥船，易以方厚梯板，给商民带来极大便利[①]。图3-1-9呈现的是清晚期自水东街往府城方向拍摄的东新浮桥，可见江面船只往来云集，一派商机盎然景象。图3-1-10呈现的是水东街在街道改良前的景象，店铺鳞次栉比，街道人头攒动，反映出晚清民国时期水东街商业的繁荣活跃。

图3-1-9 东新浮桥（清晚期）
（图片来源：徐志达. 惠州近代历史图录[M]. 广州：广东人民出版社，2016：4.）

图3-1-10 水东街（晚清民国）
（图片来源：徐志达. 惠州近代历史图录[M]. 广州：广东人民出版社，2016：16.）

① [清]刘溎年. 惠州府志[M]. 何志成，点校. 广州：广东人民出版社，2016：363-369.

3.2 传统村落空间布局呈现民系差异

惠州地形复杂，又是客家、广府和潮汕三大民系的聚居之地。传统村落的空间布局同时表现出地形地貌的差异性与民系文化的丰富性，形成了多元的建筑审美文化特征。

3.2.1 客家民系传统村落空间布局

惠州客家民系传统村落大多位于山地、丘陵等地势起伏之地，防御性强，较为封闭，形态上主要表现为堂横屋型、围龙屋型、围楼型等多种空间布局形式。

3.2.1.1 堂横屋型

堂横屋是惠州客家民系常见的布局形式，由中轴线的厅堂和次轴线的横屋组成，中轴线上的堂屋常见为下五上五三厅式布局（图3-2-1），次轴线上设置朝向中心厅堂的横屋，而堂屋与横屋之间以纵向的狭长天井、天井前的入口门厅和天井后的末端花厅相衔接，堂横屋的祭祀与居住空间组织清晰。祭祀空间在客家围屋中处于核心地位，位于中轴线，一般为三进，依次为下厅、中厅、上厅，其功能主要为祭祖、议事、庆典、宴客以及平日的休闲场所。下厅是中轴线祠堂部分空间序列的

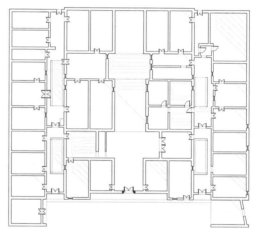

图3-2-1 惠东蔡屋围大夫第平面图
（图片来源：作者自绘）

开端，中厅是围屋待客、家族议事、族人举行祭祀、婚庆、治丧等活动的公共空间，上厅为祖厅，是祠堂空间序列的最后一进，置放香案、神龛，供奉祖宗牌位。三厅功能不一，故面阔与高度有所不同：面阔方面，中厅最宽，其次上厅，最窄下厅；高度方面，由下厅、中厅到上厅的地坪不断升高，屋脊高度亦随之逐步升高。逐级升高的地坪与屋脊不仅便于厅堂采光、地面排水，也表达出客家人"步步登高"的良好愿望，同时祭祀空间序列不断增强，反映客家人慎终追远、崇祖敬宗的儒家思想。居住空间则以厅堂中轴为核心，包括厅堂两旁的堂间，以及两侧边的横屋，通常为单开间形式。

堂横屋具有非常鲜明的扩展性。如果地形或经济受限，可以建两堂两横，即中轴线为两进：上、下两厅。两侧横屋也可以由两横拓展到四横或六横甚至更多，如惠阳镇隆镇奕端公祠，建于清嘉庆二十五年（1820年），为三堂四横的堂横屋形式。还可以在堂

横屋后面加建一条面阔方向的房屋，形成枕杠部分，还可在四个角加建角楼，如惠阳秋长茂林世居，建于清道光年间，采用三堂四横后枕杠两角楼形式。

3.2.1.2 围龙屋型

围龙屋是在堂横屋的基础上增加后面的半月形围龙部分而形成，围龙屋中轴线依次为下厅、中厅、上厅、龙厅，龙厅正对上厅神龛，是存放公共物品的保管厅。在围屋与正堂之间有一块半月形空地，称"化胎"。化胎，是围龙屋或者带围龙围楼的客家围屋的组成部分，位于后围龙与祖厅之间的斜坡（图3-2-2），具有强烈的宗族繁衍寓意。

围龙屋也呈现明显的拓展特征。一般在两侧横屋后加一条后围龙，即堂横屋后面建筑半月形围龙，与两边横屋的顶端相接，形成三堂两横一围龙的格局；如果左右各两条横屋，堂横屋后则可以采用两条围龙，形成三堂四横两围龙格局，以此类推。惠阳良井霞角村学元公祠，清乾隆早期建造，在两堂两横基础上面阔方向各增加一条横屋、进深方向增加半月形围屋，形成两堂四横一围龙格局（图3-2-3）。

图3-2-2　惠阳霞角村学元公祠化胎与后围龙
（图片来源：作者自摄）

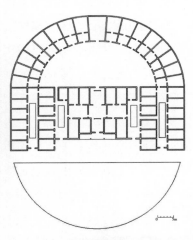

图3-2-3　惠阳霞角村学元公祠平面图
（图片来源：作者自绘）

3.2.1.3 围楼型

围楼，由堂横屋和围龙屋的外围一圈由单层转变为两层而形成，是惠州客家村落的主要形式，数量多、分布广、类型丰富。就此，惠州的围楼也大致可分为两大类：方楼，即堂横屋基础上衍变而来；围龙楼，由围龙屋基础上衍变而来。围楼除了通过堂横屋和围龙屋外围一圈增高楼层外，还会通过在前面增加一个倒座，或者在后面增加杠屋等形式，形成丰富的布局，如惠阳良井大福地三堂四横一倒座，惠阳秋长鄂韦楼三堂六横前倒座—围龙—枕杠。由于外围一圈已增高为两层以上，四个角落的房间也顺势成为角楼，有些角楼会高于其余屋面，为三层楼甚至四层楼。惠州带围龙围楼主要分布在惠阳区，根据其构成要素组合的不同方式进行定义，带围龙围楼可细分为多种形式。方形围楼在惠州各县区均有分布，根据其构成要素组合的不同方式进行定义，大致可细分为十余种形式。更加确切地表达这些围楼的形式，具体到某座围楼时，仍可以再加上一些附加的描述，如有几座角楼、炮楼，是否有望楼等，以更完整地表达出围屋的总体格局。此外，由于倒座的增加，在倒座和下堂之间就形成一个露天的、面阔方向、长条形大场地，称为天街；天街还可能存在于上堂与后枕杠之间、堂屋与最外围横屋之间，依其所在位置称作下天街、上天街、左天街、右天街。同为室外空间，天街与天井的区别在于：天井主要功能在于满足通风、采光和排水，而天街既有通风、采光、排水之需，又是围内公共晒衣、晾物、交际的公共活动场所，还是连接作为围内精神生活中心的三堂与私人日常生活单元的重要交通通道。惠东县安墩镇大布村鹞子岭忠义堂，为巫姓居所，建于清咸丰十一年（1861年），总占地面积1360平方米，两堂两横前倒座四角楼空间布局（图3-2-4～图3-2-6）。惠阳良井镇象岗楼，始建于清乾隆年间，由叔叔杨学潜、侄子杨宏谟共同建筑，为霞角村开基祖。杨学潜育七子，杨宏谟育六子，村中族人称七家和六众，合称十三家，因此，象岗楼作为杨氏在良井的开基之地，享有至高地位，被称作"城内十三家祠堂"，该楼采用三堂四横一围龙的布局形式。（图3-2-7）

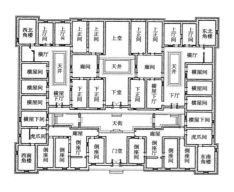

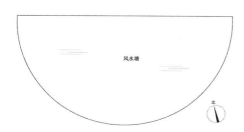

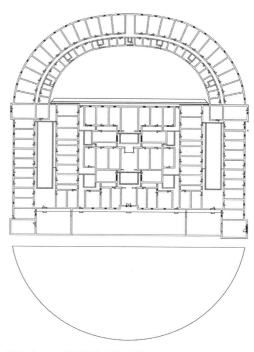

图3-2-4　惠东大布村忠义堂平面图
（图片来源：作者自绘）

图3-2-5　惠阳霞角村象岗楼平面图
（图片来源：作者自绘）

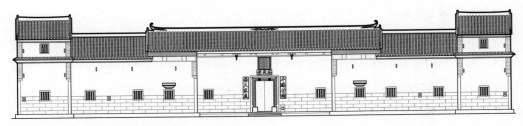

图3-2-6　惠东大布村忠义堂立面图
（图片来源：作者自绘）

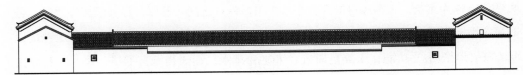

图3-2-7　惠阳霞角村象岗楼立面图
（图片来源：作者自绘）

3.2.2　广府民系传统村落空间布局

　　惠州广府民系传统村落大抵位于土地肥沃、资源丰富之地，村落布局相较客家民系而言，防御性较弱，显得较为开放，形态上主要表现为梳式、发散式、排屋式、围堡式等多种空间布局形式。

3.2.2.1　梳式

　　梳式布局是"本省平原地区农村中最典型的村落布局形式"[①]，常见的村落空间布局如下：村落一般建于前低后高的缓坡上，后为山坡或风水林，前为长方形晒坪、半月形或不规则长圆形水塘，民宅及公共建筑以横平竖直的巷道相隔，从而形成整齐划一，如梳子般排列规整的布局。广府民系多位于平原、三角洲地带，地势平坦，具备了舒展村落布局的地形条件，广府梳式布局的村落在建筑群的安排常见以临水域第一排的祠堂建筑为引领而展开的，这一做法"应当是在明末确定的，沿水的许多地块也被有意识的空下来作为以后建祠堂的基址"[②]。梳式布局是一种有着明显规划思想的村落布局，其成熟而兴盛的规划期应是清中期，时值广府祠堂兴建的一个高潮期，加之经济上的富裕、人口上的增多、历年村落规划的摸索，都促使村落得以重新规划成为一种迫切需求，之后开村的村落大多借鉴这一成熟规划模式。龙门永汉王屋村保留至今的清代族谱非常清晰地展示了清嘉庆二年（1797年）村落的梳式布局图（图3-2-8）。

---

①　陆元鼎、魏彦钧. 广东民居[M]. 北京：中国建筑工业出版社，1990：18.

②　冯江. 明清广州府的开垦、聚居而居与宗族祠堂的衍变[M]. 北京：中国建筑工业出版社，2010：126.

3.2.2.2 发散式

惠州部分广府村落利用低地势中的小山冈作为村落建筑群选址，由山冈最高处向外发散出若干条主要巷道，建筑群或沿水域规整地依次向山坡排列，或由高处向四周发散式布局，建筑群前面的低洼处开挖水塘，或将附近河流引入作水塘，水塘之前地方开垦为农田，形成水绕村、中心高四周低的放射形格局。

惠城仲恺罗村是典型的发散式村落（图3-2-9）。村名因地形形似倒扣

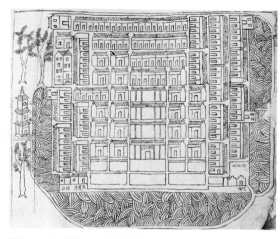

图3-2-8　龙门王屋村村落规划图
（图片来源：作者翻拍于《官田王屋祖谱》）

的箩筐而得，其中部山丘高，建筑群依地形慢慢向四周扩散，形成几个不同朝向的片区，其中朝向东南的片区是村落的主要居住空间，鳞次栉比、纵横交错。该村为单一姓氏村——谢姓。村中有三座祠堂：谢氏宗祠、老厅厦、新厅厦。谢氏宗祠（图3-2-10）位于村落东边，独立于民宅之外，坐西向东，面临村中最大水塘，为一路三进三开间形制，建筑占地面积约530平方米，始建于明代，清嘉庆九年（1804年）重修。老厅厦与新厅厦属于谢氏支祠，位于村落南边，坐西北向东南，均为一路三进单开间形制，建筑面积约100平方米，与两侧三间两廊民宅共墙体。罗村外围砌筑村墙一圈，原高约6米，墙厚约50厘米，全长约2000米，并设有聚龙门、拱南门、拱西门、拱北门、新大门等村门。罗村历史上交通便利、商业发达，聚龙门内墟市扬名远近，现在还保留整齐商铺，商铺采用前檐挑出形成檐廊空间方便遮阳挡雨（图3-2-11）。

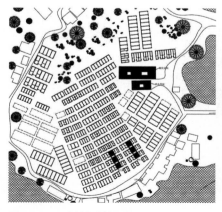

图3-2-9　惠城罗村总平面图
（图片来源：作者自绘）

图3-2-10　惠城罗村谢氏宗祠
（图片来源：作者自摄）

图3-2-11　惠城罗村墟市遗址
（图片来源：作者自摄）

3.2.2.3　排屋式

排屋式布局是惠州龙门、惠城等片区广府民系中常见的村落空间布局形式。村落四周一圈围墙，但这种围墙防御性弱，因为高度一般在5尺以内，又称胸墙。围内民宅三五间或七八间民居组成一排，若干排民居组成一列，若干列民居由村前宽敞的晒谷坪向村落后部依次延伸，列与列之间形成垂直方向的交通道路，排与排之间民居形成水平方向的交通巷道。

排屋式围村内民居以单开间为基本居住单位。比如仲恺区赤岗八甲（图3-2-12），坐西北朝东南，前为水塘、后为风水林，左右及晒坪前有围墙围隔，东南角为村落唯一出入口的门楼。建筑群内有八排屋，最后一排已坍塌，前四排分为五列：左右最外两列为三个单间并排，左边数起第二列、第三列为五个单间并排，第四列为九个单间并排，其中九开间的前四排最中间开间（第一排为中间的三间）为振秀杨公祠。

排屋式围村亦有多种民居形式，比如龙门永汉合口村（图3-2-13）有单开间的齐头屋、双开间的明字屋、三开间的三间两廊等形式。合口村得名于位处永汉河与增江交汇处，坐南朝北，围前是一个弯月形、与围等面阔的水塘，围后面是山林，村落前低后

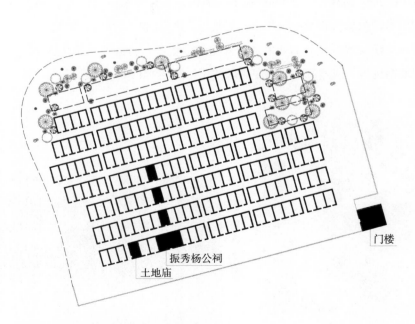

门楼

振秀杨公祠

土地庙

图3-2-12　惠城仲恺赤岗八甲村平面图
（图片来源：作者自绘）

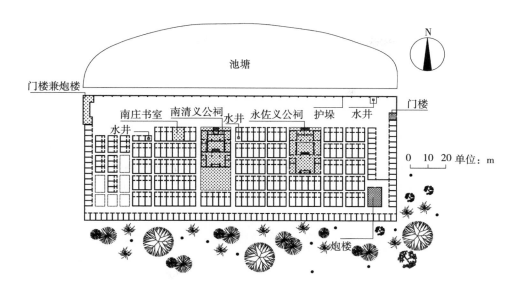

图3-2-13 龙门永汉合口村平面图
（图片来源：作者自绘）

高，前后高差达三米。门楼设在东边，临近水塘一面是高及胸口的围墙，其余三面为靠墙建造的单开间房屋，房屋入口朝向正中。面对门楼是高三层楼的炮楼，围内东南角是高四层的炮楼，围内永佐义公祠、南清义公祠、南庄舒适等位于村落前排。三间两廊、明字屋、齐头屋等民居秩序井然分布。

三间两廊、明字屋、齐头屋是惠州广府村落中常见的民居形式（图3-2-14），由这若干个小户型组合成村落，守望相助。广府民居一般为两代人居住，长子因供养父母则三代人合住，兄弟成家后即分家，所以家庭结构简单，以一家一户为主，小型住宅常见为三间两廊、明字屋等三合院或四合院形式，也存在相对局促的单开间大齐头

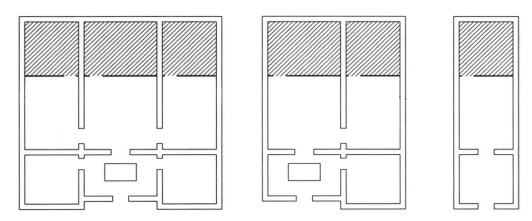

图3-2-14 广府民居常见形式：三间两廊、明字屋、大齐头
（图片来源：作者自绘）

式。广府民系多小户型民居、注重小家庭的独立，应与广府民系商品经济普遍繁荣有关，因为"在商业经济比较发达的社会，家庭规模越小，便越利于减缓商业财富共有所造成的家庭矛盾；而以村落为整体的宗族关系，又确保各个家庭具有经济活动和承担一定风险的能力"①。

3.2.2.4 围堡式

围堡式广府村落，高墙围蔽，绕墙常建跑马廊，以增强防御性，高墙内的巷道纵横交错，民居分布秩序井然。

以龙门县龙华镇绳武围为例（图3-2-15）。绳武围有炮楼6个、门楼2个：门楼设置在北面墙和西面墙上；四个角各建高三层的角楼，南北两围墙还在偏西炮楼三分之一处再增设一个炮楼，也就是整座围堡共有6个炮楼、2个门楼，防御性强。围堡内共八纵、六横房屋，形成北面一条北面天街、一条东面天街、六条宽2.2米的横巷、七条宽1.6米的纵巷。正对门楼是围堡内、东边数起第三列是一列公共建筑：主兑李公祠，公祠后为书室。其余为民居，民居以三间两廊为主，比如东边起第四列、第五列、第八列为三开间，是完整意义的三间两廊；而其他列为五开间，基本为三间两廊加明字屋形式。围堡前还开挖一个非常规整的半月形水塘，这与惠州广府民系其他村落的水塘，在形式有所差别，更为接近客家围屋前面的半月形水塘。

龙门永汉镇马图岗村同样是四周高墙围蔽的村。马图岗围四面高墙之外是一圈护村河（图3-2-16），村门是进入围堡的唯一出入口，在村后方，还有一栋高四层的炮

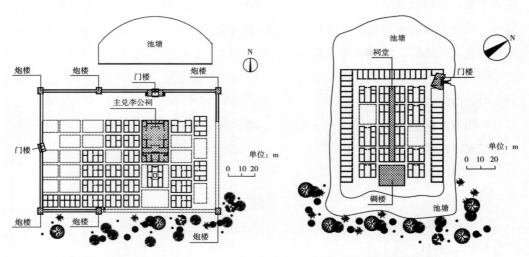

图3-2-15 龙门绳武围村平面图
（图片来源：作者自绘）

图3-2-16 龙门马图岗村平面图
（图片来源：作者自绘）

---

① 郭焕宇. 近代广东侨乡民居文化比较研究[M]. 北京：中国建筑工业出版社，2022：30.

楼，可见防御性之强。组合成传统村落的民居可以是全部规整的三间两廊民居纵横排列，也可以不同类型民居组合而成，反映着族人内经济状况与房间用途等差异。龙门永汉镇马图岗村将广府民系普通人家最常见的住宅形式囊括在内。第一，大齐头式。沿着马图岗东西两侧围墙而建的房屋，共计39间，单开间，面阔3.6米，进深约6.9米，前厅后房，内搭阁楼以放杂物。第二，三间两廊形式。分布在祠堂的两侧，按原设计应该是共计10套三开间三合院住宅，中为厅、两侧为房，厅前为天井、房前为侧廊，侧廊用作厨房和柴房，入口两廊侧墙。第三，明字屋形式。紧贴祠堂两外墙，两列，各4座。

3.2.3 潮汕民系传统村落空间布局

惠州潮汕民系传统村落主要在沿海或沿江择址，村落空间布局上多以围寨和大屋的形式为主。

3.2.3.1 围寨

围寨是防御性极强的一种聚居形式住宅，是惠州潮汕民系传统村落常见的空间布局形式。究其原因，主要有以下几点：第一，潮汕民系核心文化区围寨数量多、类型丰富，其空间布局形式影响了惠州潮汕民居。潮汕地区各个市县都有围寨，其中又以潮安县为最多，围寨的形式多样[①]，有圆寨、方寨、八角形寨、二十边形寨、马蹄形寨、椭圆形寨、布袋形寨等，这些围寨及其居住模式也可见于惠州地区的潮汕聚落之中。第二，社会治安动荡，战争、流寇频繁，需加强民居建筑单体的防御性。15至17世纪是日本倭寇之乱最猖獗的时期，惠州作为军事要塞难免受冲击，此外，还需应对海盗、山贼等地方动乱。在特殊的历史背景下，惠州的潮汕民系采用围寨以应对动乱。围寨是城市防御体系中的重要一环，它发挥了保家卫国的重要作用，守护了生命财产安全。第三，明清时期实行海禁和闭关锁国政策，但沿海平民铤而走险从事海上贸易，容易引发官民之间的激烈争斗，围寨则是设防自卫的有效方式。不过与潮汕文化核心区相比较，惠州围寨的规模小很多，远没有潮安象埔寨2.5万平方米面积、三街六巷七十二座厝的规模。

惠东稔山范和村于2012年被公布为"中国传统村落"。范和村总面积超15平方公里，人口1.3万，共11个村民小组，50余个姓氏，语操潮汕方言者多。村内有罗冈围、吉塘围、长兴围、尚德围等围寨，罗冈围是极具代表性的围寨（图3-2-17）。该围由陈氏

---

① 陆琦. 广东民居[M]. 北京：中国建筑工业出版社，2008：112.

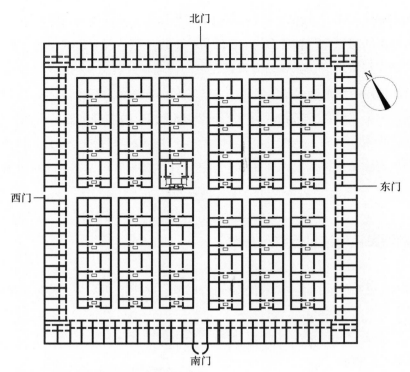

北门

西门

东门

南门

图3-2-17 惠东范和村罗冈围平面图
（图片来源：作者自绘）

族人建于明代万历年间，坐北朝南偏东。整座围平面呈正方形，通面阔、通进深均为99米。整座方寨外围由一圈民居的外墙围护，东、西、南、北寨墙中点各有二层高的寨门一座，用以观察敌情示警防御体系严密。南、北两座寨门还建有酷似箩耳的小瓮城，站在高处鸟瞰，箩筐形状异常清晰。沿南北寨墙分布有52个单开间，沿东西寨墙设置44个单开间，加上单开间的四座寨门，外围一圈房间总数刚好为一百间。围内连接四座寨门的是呈十字形的宽3米的主干道。沿寨墙民居与爬狮之间亦宽为3米。围寨内建筑坐北朝南，因十字形干道而分为四个小组团，每个部分为四列，每一列为四座"爬狮"民居前后相连，共计48座爬狮，每座爬狮大门一律向东。爬狮是潮汕民系民居基本型，三开间三合院，类似于广府民系的"三间两廊"，也是中间为厅、两旁为房，前带天井，天井两侧为厨房和杂物间。围寨内部横平竖直、统一均分的棋盘式的布局渗透出强烈的规划思想。

3.2.3.2 大屋

惠州潮汕民系还有一种常见的村落空间布局形式，本地人以"大屋"命名，比如惠城区墨园村的二记大屋、茂记大屋、荣记大屋等，惠城区岚派村的二房大屋等，本书沿用此名，用以涵盖以爬狮、四点金、五间过、三座落等潮汕民系民居基本型

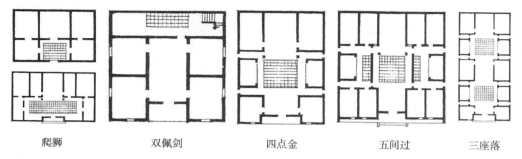

爬狮　　　　　双佩剑　　　　　四点金　　　　　五间过　　　　　三座落

图3-2-18　潮汕民系常见民居类型
（图片来源：陆琦. 广东民居[M]. 北京：中国建筑工业出版社，2008：102）

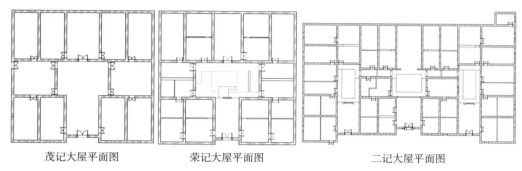

茂记大屋平面图　　　　　荣记大屋平面图　　　　　二记大屋平面图

图3-2-19　惠城墨园村三座大屋平面图
（图片来源：作者自绘）

（图3-2-18）的运用、组合、扩展而成的中大型惠州潮汕民居。惠城区墨园村保留多座大屋，其中二记大屋、茂记大屋、荣记大屋三座大屋分别为父亲陈尚忠及其两个儿子陈文、陈泰所建，位置关系如图3-2-19所示，二记大屋采取中间五间过、两侧从厝的形式，建筑面积830平方米；茂记大屋与荣记大屋位于二记大屋后面，并排而建，均采用五间过形式，占地面积约1200平方米，建筑面积约为350平方米。惠城区岚派村二房大屋在空间布局上则采用三座"三座落"并联而成（图3-2-20），占地面积约3400平方米，建筑面积约1010平方米。

惠东多祝镇皇思杨村武魁楼，建于清乾隆五十五年（1790年），平面布局（图3-2-21）以三厅串为中轴线，旁边加上从厝，在主厅即中厅两侧为爬狮，后厅两侧为缺少一廊的爬狮，前厅两侧则为单配剑形式，四角为两层炮楼。中为厅堂部分，为建筑之公共空间，此部分作为议事、接见之用，相传一进是平民百姓到访之地，二进主厅为议事之场所，三进后厅为接见贵宾、设宴庆典之场所。两侧各设三个单元组合，前厅、主厅和后厅两旁均置十多间厢房，各厢房的布局和装饰都有明显的尊卑、长幼、男女、主仆之间的等级差别，是封建宗法礼乐制度的体现。

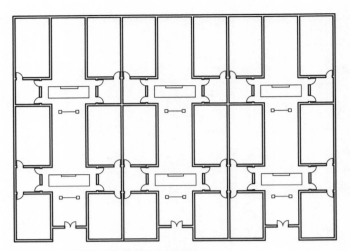

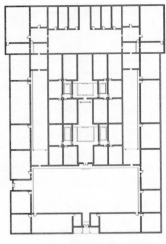

图3-2-20　惠城区岚派村文林第平面图
（图片来源：作者自绘）

图3-2-21　惠东皇思杨村武魁楼
平面图

（图片来源：作者自绘）

3.3 建筑空间营造遵循宗法礼制

在宗法文化极为发达的广东，宗法礼制长期左右着人们的思想观念和行为方式，渗透到社会生活的方方面面，成为影响传统建筑空间营造的无形法则。

3.3.1 客家传统村落建筑空间营造

3.3.1.1 客家建筑散点分布体现宗族伦理

惠州客家建筑呈散点状分布。客家民系虽然遍布惠州各个区县乡镇，但大抵晚于广府人来此开村，因此，可供选择的优越的、土地肥沃的地方不多，再者迁徙源地本属山区，来到惠州后更多地选择在山区定居。山区建屋，不仅要尽量少占宝贵的耕地资源，又要保证一定的防御性，因此以围屋为载体的聚族而居方式得以延续。当人口增长需要增建围屋时，除了将现有围屋向外横向扩宽、纵向拓深使得单个围屋规模扩大方式外，还可另外择址建造，新选址既需考虑山形地势水源、又要考虑宗族凝聚力加强等综合因素，因此围屋与围屋之间彼此分散，但距离不远，能彼此呼应，形成散点式分布。然而，这种散点分布并非毫无规律的分布，在对村落进行勘察、对村民进行详细访谈、对族谱等资料进行仔细分析之后，发现客家围屋的选址不仅要考虑水源、风向等自然条件，也要考虑族亲辈分、兄弟手足等人文因素，还要顾及宗法礼制在方位尊卑、伦理道德等方面的要求，表达着房支之间的亲疏远近。下文以惠阳秋长铁门扇村叶氏围屋为例分析。

惠阳叶氏先祖大多于清康熙年间自梅州府陆续迁至惠州府，经过300余年发展，枝繁叶茂，仅惠阳秋长街道的叶氏族人人口迄今已逾三万。清光绪乙未年（1895年）编纂的《叶氏族谱》对于清初轰轰烈烈的大迁徙有着较为详细清晰的记载，尤其是较早定居惠阳的叶特茂、叶特盛两支叶氏队伍（图3-3-1）。叶特茂，号逢春，生于明万历丁巳年（1617年），终于康熙己丑年（1709年），"公于大清康熙元年（1662年）由兴宁徙居归善沙坑乡黄竹沥开基立业建祠筑屋"；叶特盛，号迪春，生于明天启元年（1621年），终于康熙三十九年（1701年），"于大清康熙初年同胞兄逢春公由兴宁徙居归善，公在周田开基立业建祠"[1]。叶氏先祖定居沙坑的故事妇孺皆知：于清康熙元年（1662年）一行六十余人在兴宁合水溪唇村拜祭告慰先祖后启程，到达淡水西北山区，种下榕树以意立村于此；当时此地人烟稀少，兄弟定村名为"周田村"寓意"向外发展、人口增加"，之后兄弟分家，叶特茂一支迁入今淡水黄竹沥定居，叶特盛一支留居周田村。为感恩惠阳叶氏开基祖，族人于每年惊蛰举行隆重的祭祀活动，行三跪九叩之礼，惠阳沙坑叶氏祭祀习俗于2013年被公布为惠州市第五批非物质文化遗产。

惠阳秋长铁门扇村围屋有着清晰的亲疏远近关系。该村叶氏开基祖为叶特茂，自清早期与其胞弟叶特盛分家后，迁居黄竹沥，并于清康熙八年（1669年）建造"石狗

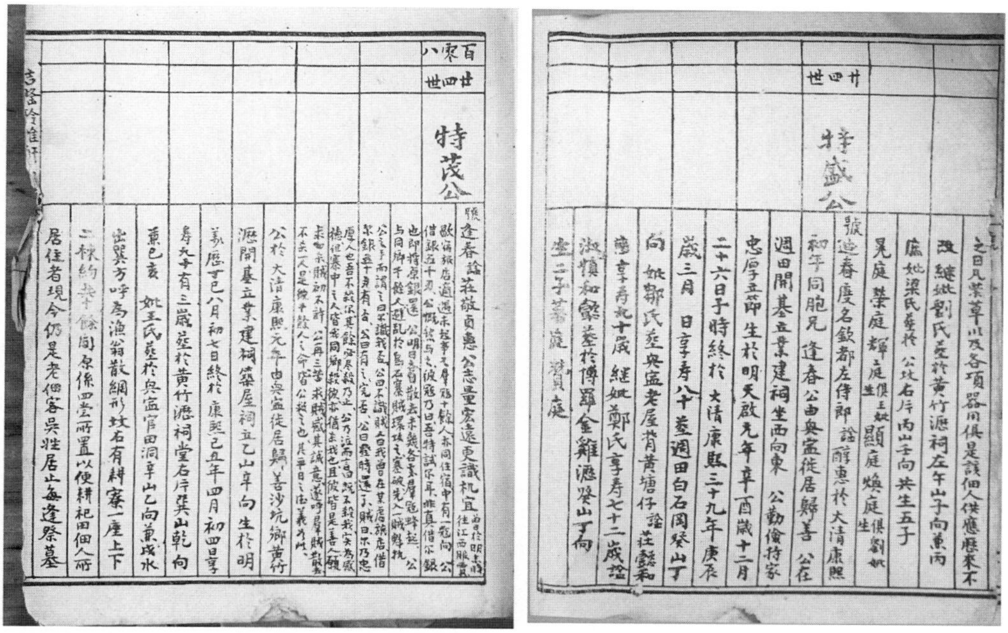

图3-3-1　惠阳沙坑叶氏先祖迁徙历史
（图片来源：《叶氏族谱》（光绪乙未年），作者调研中翻拍）

① 出自惠阳秋长叶氏族人所作叶姓族谱·光绪乙未（1895）。

屋"，现存石狗屋为叶特茂曾孙叶维新于清乾隆年间扩建，形成现有的三堂两横前倒座后围龙屋规模，占地面积5080平方米。叶特茂育有五子：长子叶晃庭，族谱记载其"分居兴宁老屋看守祠墓"。次子叶荣庭于康熙二十九年（1690年）在石狗屋右侧建"黄竹沥老屋"，三堂两横前倒座后围龙形制，建筑占地面积4478平方米。三子叶辉庭于康熙四十三年（1704年）在石狗屋对面山脚建"南阳世居"，三堂六横前倒座三围龙平面形制，建筑占地面积8250平方米；叶辉庭之四子叶天滋又于乾隆元年（1736年）在南阳世居右侧建"桂林新居"，三堂六横前倒座三围龙形制，建筑占地面积达10390平方米。四子叶显庭（1660年—1735年）在更远于南阳世居的山脚建三堂两横前倒座一围龙、7870平方米的"鹧鸪岭老屋"。五子叶焕庭居住在北面"求水岭老屋"，建筑占地面积3570平方米，体制为三堂四横前倒座一围龙，由其兄叶显庭资助建造。

从谱系和围屋的位置关系能较清晰地认知铁门扇围屋分布的尊卑序列（图3-3-2）：家族内建房不超过一二公里，如在祖屋旁建屋，则儿子所建房屋应位于父亲右侧，弟弟所建房应位于兄长房屋右侧，就如叶特茂第二个儿子所建黄竹沥老屋位于叶特茂所建祖屋石狗屋右侧，叶辉庭儿子叶天滋所建的桂林新居在叶辉庭所建的南阳世居右侧；叶特茂四子叶显庭所建鹧鸪岭老屋在叶特茂三子叶辉庭所建南阳世居右侧。深刻地反映出惠州客家民系父系血缘纽带的宗法制度影响之深远，也反映出惠州客家民系村落拓展模式中讲求"有序"，这也是中国传统生活的中心。康熙年间成书的蒙学读物《弟子规》开篇为"弟子规，圣人训，首孝悌，次谨信"，从中可以看出古人最为重视的两大品格是

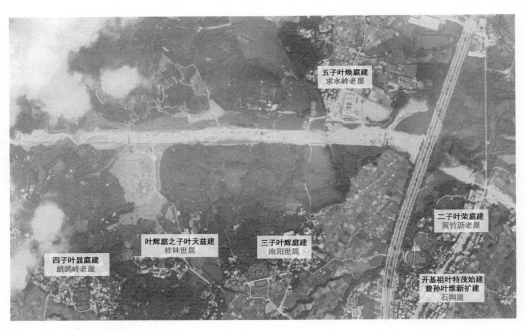

图3-3-2　惠阳铁门扇村围屋分布
（图片来源：底图来自谷歌地图，作者改绘）

"孝"和"悌"，孝悌规范不仅制约人们日常行为规范，也影响建筑规划布局，同一座围屋，尊者居堂屋、其余居横屋；不同围屋，位置关系遵从尊卑有序、长幼有序。

3.3.1.2 客家建筑群表现宗法意象

宗法礼制不仅限制着围屋与围屋之间的位置关系，而且也隐性控制着围屋群与围屋群之间的拓展方式，表达出强烈的宗族意识。

前文所提叶特茂与叶特盛两兄弟在惠阳秋长各自开枝散叶，随着人口增长不断增建围屋。叶特茂后裔除上文提到的黄竹沥老屋、南阳世居、桂林新居、鹧鸪岭老屋、求水岭老屋等围屋之外，还有翠林楼、秀水楼、牛郎楼、余庆楼等十余座围屋，散布在今天秋长街道的铁门扇村、岭湖村、茶园村等行政村。叶特盛后裔建有大塘面老屋、会水楼、会新楼、会龙楼、瑞狮楼、崇芳楼、崇庆楼、嗣前新居、常益楼等十余座围屋，散布在今天秋长街道周田村的东风村、大塘村、塘尾村、瑞新村等自然村。在对所有围屋进行位置标识（图3-3-3）之后，宗法组织严密性一览无遗：胞兄叶特茂及后裔的所有围屋均位于东边，而胞弟叶特盛及后裔所有围屋均位于西边。父系血缘、同本观念是宗族传承的根本原则，孝、悌是中国传统道德的基础，而长幼有序、嫡庶有别宗法礼制深深地影响着惠州客家民系村落的拓展与整体布局。

惠阳良井"杨氏十三家"围屋群是另一典型实例。"杨氏十三家"指的是良井杨氏六世祖杨学潜、七世祖杨宏谟这对叔侄的儿辈共计13个分支的合称。杨学潜生有七个儿子、杨宏谟生有六个儿子，他们在今天的良井镇霞角村、围龙村陆续建有十余座

图3-3-3 惠阳秋长叶特茂、叶特盛后裔围屋群分布
（图片来源：底图来自谷歌地图，作者改绘）

围屋，有意思的是：以叔侄俩合建象岗楼围屋的中轴线延长为中线，侄子及其后代所建围屋全部分布在中线左侧（东边），叔叔及其后代所建围屋分布在中线右侧（西边）（图3-3-4）。叔侄俩同住象岗楼，侄子居于楼左侧、叔叔居于楼右侧，尽管叔叔辈分大，但侄子系出长房，因而秩序不敢紊乱。此种情况还存在于其他围屋：兄弟俩同建大福西围屋，兄长杨宝辉（杨宏谟之次子）居于左侧、弟弟杨宝泉（杨宏谟之三子）居于右侧；兄弟俩同住草塘下，兄长杨宝传（杨宏谟之五子）居于左侧、弟弟杨宝贤（杨宏谟之六子）居于右侧。杨氏家族围屋群不仅单座围屋严格遵守"左为尊"宗法秩序，而且围屋群自觉、严苛地以"东尊西卑"秩序分布，体现出传统社会以父系血缘关系区分嫡庶与亲疏的宗法礼制，并希望借助血缘力量来获得防御上的整体优势，从而形成基于血缘关系的、具有向心内聚性的村落形态，表现出强烈的"宗族意象"[①]。

图3-3-4　惠阳良井十三家围屋群分布
（图片来源：底图来自谷歌地图，作者改绘）

3.3.1.3　民居营造祠宅合一

惠州客家村落的建筑形式在不同区域有着较明显的差异，但在祠堂与住宅关系上基本保持着一致的做法，即"祠宅合一"的形式。客家所处区域的地形以山地、丘陵为主，大大小小的家族择址而居，为适应不同的地形，客家人采用了堂横屋及其各种规模的组合方式[②]，小型规模建筑占地面积百余平米的上三下三（即二进三开间）、三百余平米上五下五（即二进五开间），中等规模建筑占地面积二三千平方米，大型规模的占地

---

① 杨星星. 清代归善县客家围屋研究[M]. 北京：人民日报出版社，2015：42.

② 参见杨星星. 清代归善县客家围屋研究[M]. 北京：人民日报出版社，2015：53-67.

六七千平方米，甚至万余平方米，如惠州目前发现最大客家围屋惠阳镇隆崇林世居，三堂四横一倒座二枕杠形制，建筑占地面积1.4万平方米。但无论围屋大小，围屋内（图3-3-5）基本为单一姓氏聚居，且在建筑的中轴线上设立祠祀空间，居住与祭祀祖先的功能同时存在于同一座建筑内，居、祠并置：由下厅、天井、中厅、天井、上厅组成建筑中轴线，中轴线的末端——上厅设置祭祀祖先的牌位（又称祖厅、祖公厅等），这是整座建筑的灵魂所在。

　　祠堂不仅是客家家族礼仪的中心，也成为家族社会地位的表征，以祠堂为主要祠祀空间的方式满足了祭祀祖先等礼仪的需要，更是宗法制度的淋漓体现。祖厅位于中轴线，地位居高、居中。金碧辉煌的神龛上供奉着本族历代列祖列宗的牌位，神龛前是祭台香案，显出庄严肃穆的神圣气氛，形象崇高、肃穆（图3-3-6）。卧房、厨房、储物间等众多家庭用房则秩序井然地对称布置在中轴线两侧或四周，房门均朝向中轴线，显示出客家小家庭绝对服从大家族的宗族思想，表达对祖宗及家族的臣服与敬畏。由于卧房大多为单开间，少数为上三下三的基本单元，与惠州广府、潮汕民系的祠宅规划相比较，客家民系小家庭的私密性弱之又弱，大家庭的公共利益重之又重，折射出小家庭无条件地服从于大家庭的传统宗法礼制思想。

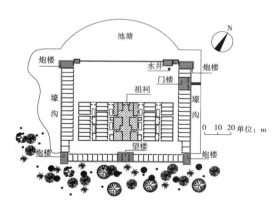

图3-3-5　龙门鹤湖围村平面图
（图片来源：作者自绘）

图3-3-6　惠阳铁门扇村桂林新居祖厅
（图片来源：作者自摄）

　　客家民系祠宅合一的规划有其深刻的文化、经济和军事等方面渊源。

　　第一，祠宅合一与客家先民的迁徙史有密切关联性。当移民在迁入地初建家园时，选址择地是首要之举，而祭祖荫后同样刻不容缓，由于客家大多在偏远丘陵山区，需要抵御的不仅是恶劣的自然环境，还有外族与其他民系的排挤。借助血缘力量获得整体上的防御优势，达到生存与发展的目的，是御敌于家门之外的极为有效的方式。第二，祠宅合一的布局有利于加强宗族凝聚力，顺应了农耕文明集体协作的生产方式。惠州客家村落大多山多地少、土地贫瘠，为了可以大规模调动人力资源，以完成艰苦卓绝的土地开发，需要人与人之间结成紧密的合作关系，而最紧密的关系莫过于宗族血缘关系。客家民系借助祠宅合一的建筑空间布局增强了宗族凝聚力，确保了集体耕作的顺利进行。第三，祠宅合一的习俗与累世而居的习俗相辅相成。传统儒家文化教导：在居住上遵循父母在、不分家的原则。客家人谨遵教导，累世而居，并通过祠宅合一的布局，促进家族凝聚力的最大化，所以客家人即便分家也是"无论分遗至如何繁细，其正厅仍属公有"[①]，可见伦理色彩鲜明的儒家文化成为累世同居的思想基础，而住居空间的组织与安排则依照礼制、族规和家庭生活而展开。

3.3.2 广府传统村落建筑空间营造

惠州广府村落以梳式布局为基础，拓展为片状形态。由于普遍早于客家和潮汕民系入住惠州，所以惠州广府村落可以选择地理位置相对优越的区域开基立村。随着人口增多，村落形态也在不断地优化调整，扩建时大多围绕老村，根据山形地势水源条件，开辟新的建筑群，发展至今就形成由几片建筑群组合而成的大型村落。

3.3.2.1 以房支为单位的空间拓展

在宗族文化发达的广东，单一姓氏的村落极为普遍。惠州广府民系也存在单姓主大村落，这些村落以房支为单位形成若干组团，组团之间以巷道或田地相隔，形成有分有合、整体上协调统一的村落形态。

以惠东铁涌溪美村为例。方氏以方琡为福建莆田一世祖，九世祖方邦仁迁居东莞厚街河田，如今方氏已为河田第一大姓，人口约3400人，村内现存的方氏宗祠是一座始建于明建文年间（1399年—1402年）的大型祠堂，一路五进五开间形制，占地面积1232平方米。十三世方武全"望溪美之乡见山水环绕是以壮万世鸿基爰又居于斯"，遂迁居溪美村。方氏明中晚期到此开基之时，已有莫、李、朱、林等家族，但随着方氏宗族壮大，其他姓氏渐次离开，现住民1500余人均为方姓。开基祖方武全在今大门边立足，生二子分东西两边居住，长子居西边今"上大门"，次子随其父居"大门边"，后人口繁衍，二房先向北拓展为今"下大门"，再向南发展为今"新屋"；长房后代则向西北拓展为今"围仔"，形成今天沿着山丘而四处展开、靠山面水的几个组群。每个单独的建筑群采用较为规整的梳式布局，巷道纵横交错，秩序鲜明（图3-3-7）。整座村以上大门地势最高，其他建筑因地势、位置不一，其朝向有所不同，大部分为坐西朝东、部分为坐北朝南，建筑组群又按照"长房居西、二房居东"的整体布局各自拓展。

---

① 罗香林. 客家研究导论[M]. 台北: 众文图书公司, 1981: 34.

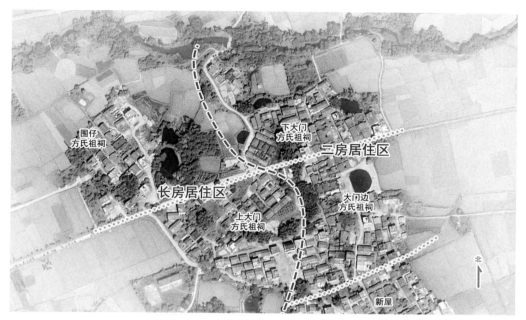

图3-3-7　以房支为单位拓展的惠东溪美村
（图片来源：底图来自谷歌地图，作者改绘）

　　单一姓氏的广府传统村落以宗祠或本村祖祠为中心，同时以房支为单位呈片状拓展，每一个片区又以房支祠堂为核心引领各自房支民居。片区分布秩序井然，突出各居住单元的均衡与统一，强调家庭生活的独立性与私密性，同时注重房支与宗族的整体性与一致性，这与广府民系经世致用、不尚空谈的主张有莫大关系。广府人既遵循宗族本位的尊卑秩序，又强调个体、注重实际。广府传统村落在其拓展的过程中，始终存在着宗族与房支两层控制力量。与客家民系相比，惠州广府民系"宗族"的概念相对薄弱，而房支的力量则相对较强。

3.3.2.2　以宗族为单位的空间拓展

　　惠州广府区域存在大量两个姓氏或多个姓氏为主的村落。这种非单一姓氏村落的规划，因各自姓氏的宗族势力而确定其边界。不同宗族以祠堂引领各自民居，有序分布。同一姓氏，则以房支为单位、以房支祠堂为核心进行规划布局。

　　双姓村以博罗县湖镇的湖镇围为例。湖镇围以胡、陈两大姓氏为主。胡氏迁入此地时，湖镇围已有黄、朱、刘、赖、陈等多个姓氏，后来胡氏日益繁盛，除陈氏外其余姓氏慢慢外迁，胡氏成为湖镇围第一大姓氏，现人口约2600人。陈氏为湖镇围的第二大姓氏，现有人口约260人。陈氏族人祖祠颇为简陋，原有规模、形制不得而知，现在仅存一座单开间二进的祠堂，建筑占地面积86平方米。胡氏虽然较陈氏晚到此地，但人口众多，占据着村落更为优越的地理位置，主要在南面，占围内面积六分之五；

图3-3-8　以宗族为单位拓展的博罗湖镇围村
（图片来源：底图来自谷歌地图，作者改绘）

陈氏族人则位于村落西北方，所占面积不到围总面积的六分之一，胡、陈两姓氏各自居住区域泾渭分明（图3-3-8）。湖镇围南面有一条东西走向的主道，主道北侧又有若干南北走向的次道，次道与次道之间还有若干东西走向的横巷相连，近百条大小各异的巷道纵横交错。

多姓村落以惠州惠城区陈江街道东楼村为例。东楼村面向潼湖、沃野千顷、水源充足。元末明初，洪、冯、杨、鸡、吴先后在此结庐而居，明初袁姓自东莞上茶园移居此地，岁月沧桑，杨、吴、鸡三姓相继搬出，袁、冯、洪三姓居住至今（图3-3-9）。洪氏落基早，洪氏宗祠面阔10米、进深36米，名为敦煌堂，占据村中心位置，洪氏族人依其两侧而居。冯氏晚于洪氏落基于此，居于洪氏右侧，东楼村的西侧，相传该处风水聚集人气、生气，承受天局，遂建冯氏宗祠（始平堂）和家祠（冯氏二房祠）两座祠堂，现有人口数量居三姓之首。袁氏居于村落东北，袁氏宗祠（汝南堂）及其民宅的朝向为坐西南向东北。三大姓氏以祠堂为核心依次分布，人口增长时也不逾越边界，而是向后拓展，秩序井然。影响这类多姓村落拓展模式的因素除了定居先后顺序外，姓氏宗族地位高低、权力大小等亦是考量因素。

在双姓或多姓村落中，祠堂起到了凝聚同一姓氏内宗族或家族力量的作用。为加强

图3-3-9 以宗族为单位拓展的惠城东楼村
（图片来源：底图来自谷歌地图，作者改绘）

不同姓氏的向心力与凝聚力，通常需要借助他力，如共祀的祠庙等。博罗县湖镇的镇湖围除祠堂这一公共建筑外，围内还有寺庙、门楼等公共建筑，成为村落格局的重要节点。寺庙原有七座，分别为：东庙、西庙、北庙、观音庙、大庙、东林寺、西林寺。前三座在围内，后四座在围外。东庙、西庙、北庙分别在围东城门（迎阳门）、西城门（望庚门）、北城门（北镇门）附近，因而有"一门一庙"之说。东庙供奉七星姐（又称姑婆嫲），西庙供奉昌福公，北庙供奉四大天王。观音庙供奉观音。大庙、东林寺、西林寺在围外西北向，大庙位于湖镇圩，今湖镇中心小学的位置。东林寺位于今湖镇中学位置。东南西北四个方向，唯独南边未设南门，其原因是南面为湖镇围护城河的出口，风水不大适合，于是在本该设置南门的位置对面，沿着护城河边设置照壁一个。潼湖东楼村东北面的侯王宫是该村袁、冯、洪三姓于清康熙年间建造的，作为三姓集体活动的场所，建成后供奉宋末名相文天祥，门前挂"三姓齐心千秋共庙，五门协力万代同村"楹联，名为庙宇，实为团结三姓的公祠，凡村中有大事情，大庙就鸣钟击鼓，召集村民参议。庙前临梧村河，华榕如伞，恬静风清，潼湖水涨，买谷运货的帆船鱼贯而入，买货卖货又是另一番景象。

3.3.2.3 民居营造祠宅分立

惠州广府民系也属聚族而居，每个村均有祠堂，但在处理祠堂与住居的关系上时，采取的是"祠宅分立"的形式，即祠堂与民宅是独立的空间，大多没有共同的屋檐、没有共用的墙体、不出入同一大门。惠州广府村落布局主要有梳式布局和中心发散等形式。由于广府民系可以选择平坦之地立村并繁衍生息，部分村落还处于低洼之地，所以惠州广府传统村落的特征之一就是水塘较多。村落选址时，多利用低地势中的小山丘作为依傍，建筑群或沿水域规整地依次向山坡排列，或由高处向四周发散式布局。建筑群前面的低洼处开挖水塘，或将附近河流之水引入作水塘，水塘前方的土地则开垦为农田。无论村落是采用梳式、发散式，抑或是排屋式的布局，祠堂一般都坐落于整个建筑群的第一排、面向水塘。

一个宗族组织完善的广府村落空间，反映出不同层次的宗族结构关系，从而给人以井然有序的感觉。随着宗族人口不断增多，大宗族往往派生许多小支系，反映在村落形态上，就是出现许多小簇团。各支系除了受总祠统领外，又以支祠作为副中心，形成一些小的空间组织[①]。村落道路网也随着祠堂位置及大小来确定，各种建筑的排列遵守封建宗法礼制按等级分布。如果是多姓氏村落，则本姓氏祠堂引领本姓族人民宅有序展开。村落前地堂属于村落所有姓氏共有，肩负晒谷、村落活动等功能，宽度最大。不同姓氏交界的道路次之，同一姓氏内部巷道最窄。

惠州广府民系村落中祠堂建筑的数量明显多于客家村落，村落中祠堂因祭祀群体依次分为宗祠、支祠、房祠，对应的祠堂名称如某氏（大）宗祠、某某公祠、某屋等。以湖镇围胡氏祠堂为例，湖镇围胡氏现存一座宗祠、7座公祠、3座房祠，各祠堂各司其职。第一，宗祠，村落中同一个姓氏共同祭祀祖先之地，为凝聚整个宗族的力量而建造。胡氏祠堂（图3-3-10）是湖镇村胡氏族人共有祠堂，因祠堂位于村落西侧，又称西祠，但在名称上并为采用常见的"某氏宗祠"，而是直接书写"胡氏祠堂"。在族人心目中，西祠也是为纪念湖镇村开基祖文俊公而建造的祠堂。第二，公祠，一般分属该姓氏内部几大不同分支，是为凝聚某一分支的族人力量而建造。例如愈宽公祠（图3-3-11）、希孟公祠、东岭公祠、德基公祠（图3-3-12）、德众公祠、逊众公祠、椿堂公祠等。其中愈宽公祠是后人为纪念七世祖愈宽公而建的公祠，因其位于村落东侧，又被族人称为"东祠"，地位很高，仅次于胡氏祠堂，明代惠州府授予湖镇围胡氏家族"博罗名宗"的牌匾（原匾已不在），就悬挂在公祠中堂后金柱间的横风窗上，所以公祠堂号也取作"名宗堂"。第三，房祠，用"房"或"屋"表示，为凝聚某一房的族人力量而建造。胡氏族人居住区又可分为东西两部分，以村中巷道为界。东边分为木屋（图3-3-13）、叶

① 陆琦. 广东民居[M]. 北京：中国建筑工业出版社，2008：56.

图3-3-10　博罗湖镇围村胡氏祠堂
（图片来源：作者自摄）

图3-3-11　博罗湖镇围村愈宽公祠
（图片来源：作者自摄）

图3-3-12　博罗湖镇围村德基公祠
（图片来源：作者自摄）

图3-3-13　博罗湖镇围村木屋
（图片来源：作者自摄）

屋、新屋三房。西边则分为一、二、三、四、五、六房。这几座支祠现存为单开间，二进或三进，规模普遍较小。

3.3.3　潮汕传统村落建筑空间营造

3.3.3.1　以围寨为中心的空间拓展

惠州潮汕村落的建设是以不同姓氏宗族为单位逐渐发展的，尽管发展密集，但是脉络基本清晰，不同姓氏的居住区片较为清晰明了，即便同一姓氏但不同支脉也泾渭分明，形成以围寨为中心而拓展形成的密集式团状村落。村落中最早出现的基本是规划完整的围寨，但是随着人口的不断繁衍以及不同姓氏族人的入住，村民不断在原有围寨附近建造围寨或其他中小型住宅；若后代有发家，在原来聚落外围再兴建新大规模的民居，最后形成潮汕村落"密集式布局"。因此，潮汕村落占地面积普遍大，人口数量多，比如惠东多祝镇皇思扬村古村落占地面积20多万平方米，惠东稔山镇范和村人口近1.1万人，这都是客家民系、广府民系传统村落无法企及的大规模。密集式的布局显然与本地的自然与人文环境密切相关：第一，惠州潮汕民系主要分布在惠东沿海区域，密集分布可以有效地减少台风等自然灾害的影响。第二，错综复杂的巷道、爬狮等民居内的天井敞厅等组成独特的通风系统，促使建筑内部通透凉快，以适应亚热带气候。第三，不论密集式如何拓展，村落核心部分的地位不变，从而形成占地面积大、居住人口多、同时向心感极强的大型村落，强烈地表达着潮汕民系精诚团结、群体认同的宗亲观念。

惠东黄埠杨屋村，又称杨厝寨，是惠州潮汕民系中不多见的单姓村落。位于黄埠镇盐洲西冲北面，坐西向东，西靠山、东临大海。其实，该村原为方氏于明末清初迁此而开，杨氏后到达，两姓氏和睦共处，以至于相传方氏离开后，杨氏仍为其建方氏祖祠以纪念，这一纪念保留至今。杨屋村建筑群面积约25000平方米。杨氏先祖在山脚先建边长各60米的长兴围，在改革开放前曾容纳700余人济济一堂，随着人口发展，长兴围靠山一面的西边拓展受限，于是向北边、南边、东边以爬狮、三厅串等常见民居形式不断拓展而形成密集式的村落布局（图3-3-14）。

图3-3-14　以围寨为中心拓展的惠东杨屋村
（图片来源：底图来自谷歌地图，作者改绘）

多姓村以惠城区横沥镇墨园村为例。墨园村东江北岸，总面积2.6平方公里，下辖12个村民小组，全村人口约2100人，主要四个姓氏：陈、朱、徐、曾。其中陈姓最大，近千人；朱姓次之，530余人；再次是最早从闽南迁入的徐姓，有人口330人；人口最少为曾姓，不足300人。陈氏于清康熙年间自福建漳州迁至此，相传陈氏从邻村翟村先祖购买此地时，翟村人给了一盒墨水，称能用这盒墨水围到的地方，就是可以卖给陈氏的地块，陈氏祖先急马奔跑，圈下今天墨园围所在范围并以此命名。墨园围

图3-3-15　不同姓氏井然分布拓展的惠城墨园村
（图片来源：底图来自谷歌地图，作者改绘）

内有最早立村于此的徐氏宗族祠堂以及陈氏宗祠，紧靠墨园围的围外右侧是集中建造的五间祠堂：陈氏祠堂、朱氏祠堂、福善堂、朱氏三祠、曾氏祠堂。墨园围及右侧祠堂成为墨园村的核心部分，四大姓氏分片居住，界限分明（图3-3-15）。值得一提的是，围内外陈氏宗祠分属叔侄两系，围内是购地建围的叔辈祠堂，围外属随后前来的侄辈，核心区外，叔叔后裔居住区位于村落核心区以外东面，侄辈后裔居住区位于村落核心区以外南面。

再如惠东稔山长排村。长排行政村下辖长排、海洲、后洲、蟹洲四个村小组，每个村小组均为杂姓聚居，其中长排自然村为陈、林、吕、余、洪、黄、王、李、谢、邱、庄、蒋、吴、卢、马、黎、施等十余个姓氏聚居之处。长兴围由李、黄、黎、陈等宗族共同建造，后来人口增多后，各自姓氏在围寨周边由近至远逐步扩展，后来的姓氏与先到者协商择地而居，渐渐形成今日之密集式规模（图3-3-16）。这些大规模、超密集的村落与交接处潮汕平原地区的状况如出一辙，即所谓"千人村落，比比皆是；上万人

图3-3-16　以围寨为中心拓展的惠东长排村
（图片来源：底图来自谷歌地图，作者改绘）

的村落也不乏其例，村镇规模居全省之冠，也是全国村镇规模最大地区之一"[①]。

3.3.3.2　血缘与地缘并重的空间营造

惠州潮汕民系村落大多采用多姓氏杂居方式，注重地缘关系的构建。在惠州，潮汕民系传统村落的拓展与客家、广府民系最大的区别是，村落姓氏的复杂性。客家、广府基本是以单姓村落为主，也有某个大姓加少数小姓组成的村落，但很少有势均力敌的两个或若干姓氏同居一村。惠州潮汕民系的村落则基本是多姓家族共同居住，纯粹的血缘村落很少。有些村落是几个大姓为主，比如惠城区墨园村以陈姓、朱、徐、曾等姓氏杂居，惠东皇思扬村以萧、杨、许、郑为四大姓氏为主杂居一处。惠东稔山范和村姓氏最为庞杂，几十个姓氏相安无事地杂居一村。数百年间，范和成为50多个姓氏、以潮汕人居多的杂姓大村，这在以血缘为聚居纽带的广东确属不多见的现象，导致这一现象的主要原因如下：第一，长期的社会动乱，使范和村难以发展出稳定的宗族关系；第二，潮汕民系所选位置大多邻近古驿道，交通便利，成为潮汕地区向东南拓展过程中的优选之地；第三，工商业发达，吸引了四方人口到此汇聚。

潮汕村落采用地缘与血缘并重的空间营造方式，有着深刻的历史文化背景。潮汕民系素以商业为营生，其所到之处往往商贸发达，吸引人口不断汇聚。在客家人、广府人占绝对优势的惠州，有着共同地缘与语缘的潮汕人，只有在精神层面上形成最有力的团结，才能求得在新开发地的立足与发展。因此，潮汕地区流传着"金厝边（邻居）、银亲戚"的俗语，强调邻里关系的重要性，这种观念在惠州的潮汕村落同样得以体现。

3.3.3.3　民居营造祠宅合立、分立并存

惠州潮汕民系的祠宅关系与客家、广府有着明显不同，其祠堂与住宅的位置关系可划分为如下几种情况。

第一种，祠堂位于围寨中轴线末端。围寨中轴线是围寨内的主干道，在主干道的尽头、正对大门的入口，设置本围寨的祖祠。比如惠东黄埠镇西冲村杨屋村（图3-3-17）、永兴围的杨氏祖祠、惠东稔山镇长排村围寨末端的陈氏祖祠等都是这一情况。潮汕围寨的中轴线与其他民系建筑的中轴线明显不同：客家在中轴线上布置的是一进又一进的建筑，形成"下厅—天井—中厅—天井—上厅"的序列；而广府围村中轴线则通常以前排祠堂引领后排若干民居，建成"祠堂—民居—民居—民居"的序列。

① 司徒尚纪. 广东文化地理[M]. 广州：广东人民出版社，1993：132.

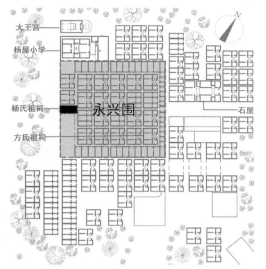

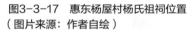

图3-3-17 惠东杨屋村杨氏祖祠位置
（图片来源：作者自绘）

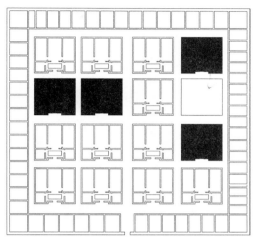

图3-3-18 惠东范和村吉塘围祠堂分布
（图片来源：作者自绘）

第二种，祠堂独立于住宅片区。祠堂是独立于居住建筑之外的，这类祠堂的性质通常都是"宗祠"，即供奉着几个宗族共同的先祖，这些宗族的族人们可能聚居在一个村、几个村，甚至在更大的范围内。惠城区横沥镇墨园村是陈、朱、曾、许多姓杂居，墨园围寨位于村落的核心位置，围内有陈氏宗祠、徐氏宗祠，围外右侧开设一片区域作为村内各姓氏祠堂所在，如陈氏宗祠、朱氏宗祠、朱氏三祠、福善堂（朱氏）、曾氏宗祠等。四个姓氏的居住区域以宗祠区为核心向四周有序展开，陈氏分布在核心区东西两侧，朱氏分布在北面的东半区和西南面，曾氏分布在西北面，徐氏分布在东南面。

第三种，祠堂混杂在民居中。惠州潮汕围寨内是由若干个爬狮对称排列组成，祠堂不在围寨内的中轴线上。表面上看，祠堂在围寨内的位置似乎没有规律可循，这是因为这类祠堂是由原民居转变而来的。比如惠东稔山镇范和村罗冈围内有四个组团共48座爬狮，陈氏祖祠位于围东北小组团的东第一列、南第一排；而范和村吉塘围内四列四横共16座独立屋檐、独立墙体的爬狮（图3-3-18）。大门书写"林氏祖祠"的祠堂有两座，分别位于东起第一列南起第二排，以及东起第四列南起第三排。大门未标明名号的祠堂有两座，即东起第一列南起第四排、东起第三列南起第三排。吉塘围为林氏家族所独有，这两座未标名号的祠堂也应是林氏祠堂。再如惠东多祝镇皇思杨村是杨氏、萧氏、许氏、陈氏、钟氏等多姓氏杂居村落，老围寨内现存多座祠堂（图3-3-19），杨氏五世祖祠、杨氏三世祖祠、许氏十四十五世祖祠、萧氏一至十二世祖祠等。"福建是家

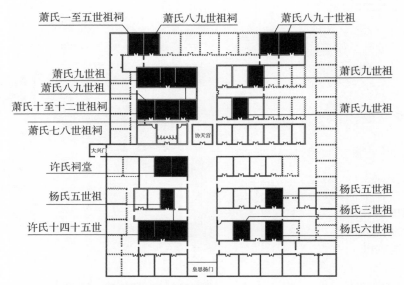

图3-3-19 惠东皇思杨村围寨内祠堂分布
（图片来源：作者自绘）

族制度在中国最为强盛的一个省份，其重要表现形式是聚族而居，广建宗祠"[1]，皇思杨村充分地反映了潮汕民系的这一特点，老围寨内由民居改成祖祠的案例之多，可见一斑。如此密集的祠堂分布说明，潮汕民系在地少人多的客观条件下，不可避免地产生宗族内部矛盾，矛盾激化的结果就是血缘团体的不断分化，宗族组织逐渐分化出若干家族组织。

惠州潮汕祠堂建筑在村落中位置、建筑规模、建筑装饰等存在较大差距，但大多为二进。除了部分围寨中轴线末端的祠堂采用单开间布局之外，其余祠堂一般为三开间，且大多以爬狮形式呈现。以惠东稔山长排村陈元公祠为例分析。

陈元公祠所在的长排村立村于明代。当时先民由福建、潮汕地区和海、陆丰一带迁入，陈、施、李等11个姓氏的村民沿海排列分布，村名为"排里"。清嘉庆年间，陈姓渔业生意红火，船只多得排成长龙，遂将村名更为"长排"。晒盐业也是该村收入来源之一，最盛时专业盐民有3000余人，盐田多达千余亩。富庶的经济为祠堂的精细建造提供了物质保障。陈元公祠位于村落一片民居之中，建于清乾隆四十四年（1779年），通面阔12.13米，通进深27.53米，建筑占地面积334平方米，为一路两进三开间布局（图3-3-20），但首进做成五开间形式（图3-3-21），屋脊以精细嵌瓷工艺作装饰（图3-3-22）。由于祠堂前面是民宅，所以祠堂前院落就围合起来，正面大门的墙做成照壁，公祠空间非常独立，前院也保证了前来祭拜的族人可以逗留。该祠梁架是福建闽海系和广东潮汕民系常

---

① 戴志坚. 福建民居[M]. 北京：中国建筑工业出版社，2008：54.

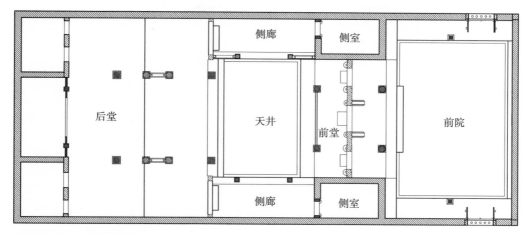

图3-3-20 陈元公祠平面图
（图片来源：作者自绘）

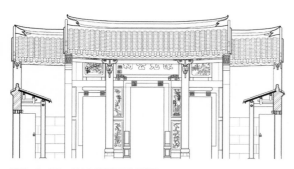

图3-3-21 陈元公祠正立面图
（图片来源：作者自绘）

图3-3-22 屋脊嵌瓷工艺
（图片来源：作者自摄）

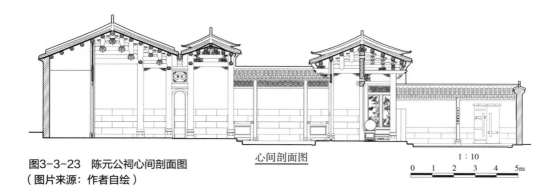

心间剖面图

图3-3-23 陈元公祠心间剖面图
（图片来源：作者自绘）

1：10

0 1 2 3 4 5m

用的梁架形式（图3-3-23），尤其是前堂前檐的四步叠斗梁架（图3-3-24），采用叠斗形成柱子、承托檩条，叠斗之间以坯块镶嵌，坯块上饰以人物、花草、瓜果等彩画。后堂采用瓜柱梁架（图3-3-25），瓜柱为潮汕民系常见的鹰爪柱形式。

图3-3-24 陈元公祠前堂梁架
（图片来源：作者自摄）

图3-3-25 陈元公祠后堂心间梁架
（图片来源：作者自摄）

第4章
品格
惠州传统建筑人文艺术

　　人文艺术品格是建筑文化地域性格的第三个维度。惠州传统建筑的人文艺术品格具体表征为历史城区的城市环境营建模式追求"天人合一"的审美理想，民系之间建筑文化交流互鉴呈现的人文性格，以及在不断提高居住舒适性、提升建筑防御性、增强建筑教化性等方面，传达出经世致用的价值取向。

4.1 天人合一的审美理想

"天人合一"是中国传统的哲学观，体现在生产生活的方方面面，在城市的营建上把城市景观与人的理想相联系，且用人杰来感应地灵，将山川的秀丽与人才辈出建立联系。

4.1.1 城市意象建构

凯文·林奇（Kevin Lynch）在20世纪50、60年代提出城市意象理论，对城市意象中物质形态归纳为五种元素：道路、边界、区域、节点和标志物[1]。借鉴这一理论成果，分析惠州古城空间形态的结构搭建和建造逻辑，品读惠州古城城市意象的传统天人合一美学思想。

4.1.1.1 道路

道路是城市意象中的主导元素，是关键的意象特征。惠州府县双城道路的命名方式，给予我们对于历史城区传统风貌的无限想象。第一，与城门相关。如府城接东门惠阳门的大东路、接平湖门的大西门直街、接小西门东升门的西门直街、接水门会源门的水门直街等，县城的东门街（惠新东街）、水门仔（今永平路）、便门仔等。第二，与自然地貌相关。如府城塘尾街、塘底下、象岭巷、银岗岭等，县城的上塘街、下塘街、铁炉湖等。第三，与行政相关。如府城府背巷、府前横街、更楼下等，县城县前街等。第四，与行业相关的。如府城打石街（今中山西路西段）、上米街、下米街、文兴街、长寿路、猪仔行（今朱紫巷）等，县城的咸鱼街、菜园墩、花园围等。第五，与历史人物故事或民间传说相关。如舍人巷、东坡亭、万石坊、包公巷、四牌楼、金带街、叮咚巷等。第六，与姓氏相关。如府城张宅巷（今叮咚巷）、龚屋门楼、黄屋巷（今中山东路一巷）等。第七，与驻军相关。如府城高营房、后所街等。此外，还有大廉巷、尔雅巷、洋牙巷等，不一而足。

府县双城道路组织很有特点：第一，街巷数量多。尽管府、县双城面积均不大，府城城池内面积约0.71平方公里，县城城池内面积仅约0.4平方公里，但街巷纵横，旧称府城"九街十八巷"，但事实上，数量根据陈宝石的调查，有府前街、高第街、打石街等20条街，府背巷、百子巷、兴隆巷等28条巷，数量远超出九街十八巷[2]。第二，东西两边设置城门的地方多衔接城市主要道路。府城内西门平湖门内是大西门直街，小西门东

---

[1] [美]凯文·林奇. 城市意象[M]. 北京：华夏出版社，2017：35.

[2] 陈宝石. 惠州地名初探[C]//惠城文史资料·第十四辑[G]. 惠州：惠州市惠城区委员会文史资料研究委员会，1998：288.

升门内西门直街，水门会源门内是水门直街。虽命名直街，但道路并非笔直，只是大体上东西走向。县城内县前街（今惠新街）连接东、西两座城门：东门辅阳门和西门遵海门；北门娱江门通往南面的街道为北门直街（今和平直街），通往西南铁炉湖的弯曲小街为北门横街（今和平横街）；南门水门仔塔仔湖路。第三，东西向街道数量多。府城的府前街、打石街、大西门直街、金带街、塘尾街、水门直街、小西门直街、忠信街、后所街等东西方向道路，远远超过南北向街道数量，反映出府城南北狭长地块的客观地形特征。县城内主要街道"县前街"（即今天的惠新东街、惠新中街、惠新西街）也是东西贯通，长2里，宽不及一丈，民间有"一条合掌街、两边砖瓦房"来形容县前街道路的狭窄及建筑的密集。

4.1.1.2 边界

边界是除道路之外的线性要素，是相邻两个区域的界限。东江、西枝江、西湖的水岸线是府城与县城自然边界意象，确切地说，惠州府城基本以东江、西枝江、西湖的水岸线为城市边界，城墙与之走向基本一致，整体呈现纺锤造型。归善县城北面与东江水岸线、南面与西枝江水岸惠州古城为自然城市边界，且与县城城墙基本一致，而县城东、西两边则为城墙，人工型边界意象。无论是自然型还是边界型意象，均属于隔离型，限定作用强烈，且呈闭环状。

4.1.1.3 区域

府城在明代奠定城市格局与规模，功能分区明确（图4-1-1）：第一，北面高地棵山是府治所在，是府城的政治中心。文庙、城隍庙等公共建筑围绕府治附近而设，其他坛庙等多设于城外。第二，军事机关及驻军分设几处，棵山北面是军事机关，南面有军营、校场、箭道等军事设施；城南偏西也设有军队驻扎。第三，文化教育，东南面设有文庙、学宫、试院等，如今尚保留宾兴馆。第四，商业活动，城内外均有比较集中的墟市，城内有十字街口市，城外墟市为西枝江沿岸河东新桥一带。第五，城中部靠西为居民区，如金带街、金

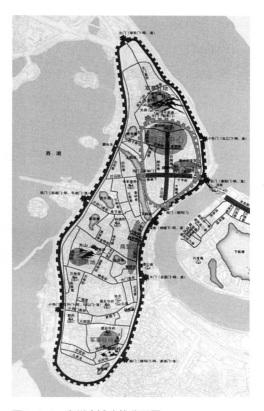

图4-1-1　惠州府城功能分区图
（图片来源：《惠州国家历史文化名城申报材料》）

带南街等。

归善县城功能分区亦较为清晰，县城内主要街道"县前街"是县城政治、文化、商贸中心。县署设于县前街北侧的白鹤峰下，东坡亭脚下（今粮仓）；归善学宫位于县前街东端（今惠新中街起点）；这条街也是县城主要的商业街，两旁为竹筒屋形式的商住两便房屋，油糖豆米酱醋茶布匹鞋帽等一应俱有，而纸扎工艺店、金银首饰店、餐饮店等主要集中在县前街西段[1]；铁炉湖、桃子园等为主要居住区，陈屋、裴屋等均是其中名门望族。

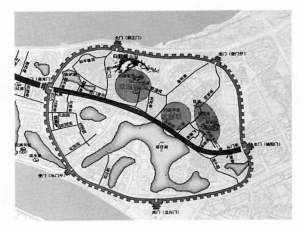

图4-1-2　归善县城功能分区图
（图片来源：《惠州国家历史文化名城申报材料》）

4.1.1.4　节点

节点多在道路的交叉口或方向的变换处。惠州古城最强烈的节点意象是城门，城门是城内外交通流的转换点，又是店铺市肆的聚集处，位置识别性强。比如府城东门惠阳门，出此城门便是浮桥东新桥，东新桥衔接县城所在的东平半岛西边的水东街。又如府城的十字街，四牌楼（今中山北路）、万石坊（今中山南路）、大东路（今中山东路）、横廊下（今中山西路）相交，是而得名。墟市下接惠州最大、最繁忙的东新桥码头。

4.1.1.5　标志物

城市标志物是城市最具特色或代表性的建筑载体，通常建筑体量较为醒目或者建筑地位较为重要，凝聚城市精神和文化底蕴。府城文笔塔与合江楼、县城东坡祠是当年人流聚集、文化传播的重要建筑载体，是历史城区城市意象建构的重要标志物。合江楼始建于北宋初年，因坐落东江和西枝江合流处的岸边而得名，这里水天一色、风景优美，在宋朝是行馆，苏东坡谪居惠州时首居此地，在此写下《寓居合江楼》《荔枝叹》等名篇，《寓居合江楼》中诗句"海上葱眬气佳哉，二江合处朱楼开"大大增加合江楼名气。合江楼南边的文笔塔，始建于清同治年间，希冀借此塔激发文风、惠州学子科举考试获取功名。东坡祠位于临江白鹤峰上，原为苏东坡自建居所，后百姓感念其恩，以祠祀之，传统社会时期，上至朝廷命官，下至百姓，过往游客，"凡莅兹土者，下车即谒其祠，莫之或缓"。

---

① 出自中国人民政治协商会议广东省惠州市委员会于2002年编印的《惠州文史》资料。

4.1.2 城湖江岭相融共生

"城湖江岭相融共生"是对惠州历史城区的高度概括，依托湖、江、岭等自然地形地貌，城市格局由早期的府城、西湖相依格局发展到明代晚期双城、江湖格局，人文与自然的有机融合，体现古人对于天人合一审美理想在城市建设上的不断追求与完善。

4.1.2.1 城湖江岭元素构成

惠州自古以山水丽城而闻名遐迩，在古城营建中充分利用自然资源优势，形成"城湖江岭"相互依存的城址环境。第一，"城"指的是惠州府城、归善县城。隋开皇年间设治所于梌山，明洪武年间两次大规模的扩建基本奠定惠州府城的格局。归善县城城池于明万历建于白鹤峰山下。第二，"湖"指的是西湖。西湖，古称丰湖，取其"施于民者丰矣"之意。北界东江，西依丰山，自然布局甚佳，源于古河道冲刷出来的洼地，以自然山川为界，由丰湖、平湖、菱湖、鳄湖、南湖五处水面和许多小湖岛组成，古西湖界域"东西约十公里，南北约八公里，面积八十平方公里，湖水面积多杭州西湖面积约二倍"[①]。第三，"江"指的是东江、西枝江。江，指的是东江河西枝江。第四，"岭"指的是城内外的山岭。城内有梌山、方山、银冈岭、象岭、印山等山岭，城外有西山、螺山、紫薇山、榜山等山岭。其中，梌山海拔最高，自公元591年隋置总管府于梌山至清末府衙被毁约1400年间，这里一直是惠州乃至整个粤东的政治文化中心。

4.1.2.2 府城西湖相依格局

隋开皇十一年（公元591年），设循州，置总管府于梌山（今惠州中山公园），城池更注重与西湖依存关系。宋朝，惠州城市发展迅速，对西湖等自然资源的开发力度大，"宋代惠州西湖呈现突飞猛进的创造性发展特点。基于水利设施建设，惠州西湖风景建设自北宋起蓬勃发展"[②]，加之苏东坡、杨万里等文人的影响，西湖不仅成为惠州城市水利、景观的重要载体，也是文化的重要载体，西湖与城市关系紧密、相互促进发展。宋代诗人杨万里描述惠州当时山水城池环境"左瞰丰湖右瞰江，三山出没水中央"，站在梌山府城，东江、西枝江、西湖的山水环境一目了然：府城西边为丰湖（西湖），东边为东江与西枝江交汇。梌山、孤山、西山、螺山、紫薇山等诸峰绕西湖逶迤不绝，犹如一道画屏。"城傍湖东兮，城之所以立也；湖在城西兮，湖之所以名钦"，清代诗人庾熙在《西湖赋》中对西湖与惠州城的描述，指出了城与湖的相互依存的关系。西湖解决城市居民饮水问题，提供丰厚的食物，还可灌溉良田数百顷，并且成为府城易守难攻的重要屏障作用。

---

① 张友仁. 惠州西湖志[M]. 广东：广东高等教育出版社，1989：41.
② 马晓旭，刘宇嘉. 古代惠州西湖演进过程研究[J]. 园林，2022（12）：122.

4.1.2.3　双城江湖相依格局

明万历年间，归善县城池建成，原来单一的惠州府城、西湖相依格局转变为双城江湖相依格局，惠州府城位于西枝江西岸，归善县城位于西枝江东岸的东平半岛上，两城之间在西枝江水域上建东新桥连接，水东街西起东新桥，东接县城（图4-1-3）。双城江湖格局，一方面延续并加强了府城与西湖的互动关系，西湖在城市用水、防火、防洪、休闲等方面的作用比以往更显重要；另一方面，随着东江、西枝江开发与利用力度的加大，惠州作为东江流域政治、经济、文化中心的地位在不断增强。在城市景观上，西湖西山上的泗州塔，东江边榜山上的野吏亭，两江交汇、东新桥西桥头的文笔塔等地标性建筑，强化所处的山形水势，形成层次丰富的制高点，提升城市的景观层次，表达对自然山水融为一体的天人合一思想。

图4-1-3　双城双湖格局
（图片来源：作者翻拍自惠州市博物馆）

4.1.3　西湖纪胜集称

景观集称将特定时空范围内、相互关联的景观，以常见的"四字景目"方式进行表达，具有浓厚的中国传统文化特色，其丰富的美学、哲学、历史、文化内涵以及命题构景的手法，至今仍有旺盛的生命力[1]。

4.1.3.1　西湖纪胜集称的演变与内涵

惠州西湖纪胜集称在不同历史时期略有差异，提炼和升华不同时期惠州西湖的审美意境，塑造惠州西湖独具魅力的人文品格。第一，宋朝"惠阳八景"（图4-1-4）。明嘉靖年间修纂的《惠州府志·地理志》，感叹"惠郡，壮哉！一大郡也。昔人谓汉之名郡，越之千里"，附上北宋治平年间（1064年—1067年）惠州太守陈偁提出的"惠阳八景"，即"鹤峰晴照""雁塔斜晖""桃园日暖""荔浦风清""丰湖渔唱""半径樵归""山寺岚烟""水帘飞瀑"[2]。第二，清朝"西湖十二景"（图4-1-5）。康熙辛未进士

① 吴庆洲. 中国景观集称文化[J]. 华中建筑, 1994（2）: 23-24.

② [明]杨载鸣. 惠州府志[M]. 惠州市档案馆，点校. 2019: 148.

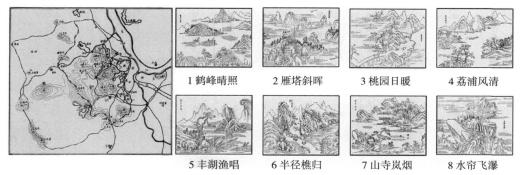

1 鹤峰晴照 2 雁塔斜晖 3 桃园日暖 4 荔浦风清

5 丰湖渔唱 6 半径樵归 7 山寺岚烟 8 水帘飞瀑

图4-1-4 宋"惠阳八景"位置推断图
（图片来源：郦诗原. 惠州西湖八景的符号学研究[D]. 广州：华南理工大学. 2018: 21.）

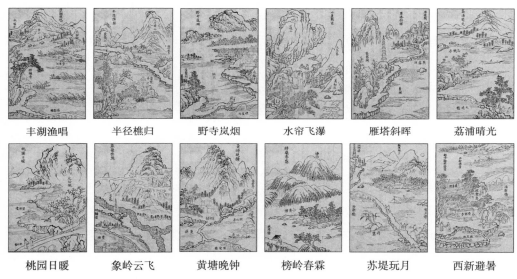

丰湖渔唱　　半径樵归　　野寺岚烟　　水帘飞瀑　　雁塔斜晖　　荔浦晴光

桃园日暖　　象岭云飞　　黄塘晚钟　　榜岭春霖　　苏堤玩月　　西新避暑

图4-1-5 清"西湖十二景"
（图片来源：[清]吴骞. 惠阳山水纪胜·西湖纪胜·景说[G]. 刻本：6-17.）

吴骞惠州府知府，编辑《惠阳山水纪胜》，分罗浮与西湖卷，在《西湖纪胜》的"景说"中提出"西湖十二景"："丰湖渔唱""半径樵归""野寺岚烟""水帘飞瀑""雁塔斜晖""荔浦晴光""桃园日暖""象岭云飞""黄塘晚钟""榜岭春霖""苏堤玩月""西新避暑"[1]。第三，民国时期，张友仁在《惠州西湖志》卷一"风景"中，列举当时风景尤著："象岭飞云""横槎穷泛""鹤峰返照""榜岭春霖""红棉春醉""丰湖渔唱""水亭赏月""半径樵归""留丹点翠""荔浦晴光""花洲话雨""山亭代泛""古洞归云""犹龙剑气""水帘飞瀑""西新避暑""玉塔微澜"[2]。认为"苏堤玩月"是杭州西湖风景，遂改"水亭赏月"，水亭为湖心亭；考虑"雁塔斜晖"因袭杭州"雷峰夕照"，而更名为"玉塔微澜"。现以宋、明有明确"八景""十二景"为例分析如下。

① [清]吴骞. 惠阳山水纪胜·西湖纪胜·景说[G]. 刻本：6-17.
② 张友仁. 惠州西湖志[M]. 广东：广东高等教育出版社，1989: 13.

宋"惠阳八景"和清"西湖十二景"中相同的景点有七个：第一，"丰湖渔唱"。丰湖是西湖的古称，在丰山之下，故以此名。苏东坡寓惠时赞叹道："梦想平生消未尽，满林烟月到西湖"，丰湖因东坡先生更名为西湖。现丰湖为西湖的一部分水域，在平湖以南、南湖以北。丰湖水深且营养足，鱼、虾、菱、芡等富足，给百姓带来收益，湖面上时有小艇三三两两，如画渔歌，激起文人墨客的诗情画意。第二，"半径樵归"。"黄岗山之东，草木严茂，恣民樵采"，于是，樵夫日出进山，借着夕阳西下，满载而归，三三两两隐现在山间小道上，一幅生动的人文画面。第三，"山寺岚烟"。"岚"，山间雾气；"烟"，轻云水汽，这是我国古代诗歌、绘画艺术中常见题材。寺，永福寺，原在近府城的丰山南麓，今天的红花湖永福寺为本世纪异地重建。第四，"水帘飞瀑"。原址在西湖西南方向的石埭山（俗称大石壁），石埭山崖石壁立，飞瀑"白虹喷沫如帘"，飞瀑后有一个岩洞，形成"水帘洞"景观。第五，"雁塔斜晖"。雁塔，西湖泗州塔，始建于唐代，为纪念泗洲大圣僧伽而筑，因此得名，现存为明晚期重建。斜晖，傍晚的阳光。第六，"桃园日暖"。现已无存，历史上的桃园在元妙观后，桃花的盛开时期在三月日渐回暖的春日，"日暖"与"花香"表达美好的生活。第七，"荔浦晴光"。惠州府城小西门外的莲池岛渚上，荔枝熟时，日光照浦，葱蒨绿阴，楚楚斓斑，红实累累，灿然锦屏绣障也。

相较宋"惠阳八景"，清"西湖十二景"中删除了一个景点，增加了5个景点。删除的景点为"鹤峰晴照"。鹤峰在归善县城北面，北濒东江，孤峰峻耸，古有白鹤观，站在白鹤峰上，阳光普照、绿树苍苍，俯瞰滔滔东江水、奔流向西去，壮丽景象，引人入胜。或许正是温暖美景，吸引苏东坡在宋绍圣年间择此良地，"规作终老计"。这是"吴骞西湖十二景"中删除的部分，其原因为"在归善县城内，与西湖不涉，删之"。增加的5个景点如下：第一，"象岭飞云"。"在郡治西北隅，西湖望之，若屏障然，常有云气飘忽往来，凡山皆有云，而独归象岭者以象岭嵯峨、云态特异，出岫而袅，晴空变化万状过雨，而开锦绣卷舒无穷"①。第二，"黄塘晚钟"。黄塘寺在丰湖书院右边，寺庙钟声悠远高亢、雄浑有力。第三，"榜岭春霖"。"上有瑶池、石楼，登其顶，郡中胜概一览无遗。时方春日，备觉宜人，烟雨空蒙，仿佛诗中之画，云山隐现，依稀画中之诗。"第四，"苏堤玩月"。苏东坡寓惠期间，积极倡议并带头慷慨解囊，组织修筑的一条长堤，从西村（今惠州宾馆一带）到泗州塔，后世为纪念苏东坡，命名为"苏堤"。每每月明之时，苏堤幽雅迷人，清知府吴骞曾赋诗道："茫茫水月漾湖天，人在苏堤千顷边。多少管窥夸见月，可知月在此间圆"，此为"苏堤玩月"。第五，"西新避暑"。西新桥衔接苏堤与泗州塔，桥边披云岛上飞阁九间，杨柳依依，绿荫如盖，实为避暑胜地。

---

① [清]吴骞. 惠阳山水纪胜·西湖纪胜·景说[G]. 刻本: 12.

4.1.3.2 西湖纪胜的自然景观序列

惠州西湖以湖为主体，融山水环境为一体，其自然景观是西湖纪胜的景观基础，表征为山水之美与天时之美。

1. 自然之美

西湖纪胜中，均以自然山水为景观基础，有关乎山水的，如鹤峰晴照之峰、水帘飞瀑之水，有关乎气象的，如"山寺岚烟"之烟、"荔浦风清"之风、"象岭云飞"之云、"雁塔斜晖"之晖。其中尤为突出的有"水帘飞瀑""象岭云飞"等，以自然景物为重要审美客体，展现自然生态之美。"水帘飞瀑"景题中"飞"字甚为生动，仿佛眼前就是峭壁流泉、飞瀑掩映、雪花飞溅、注潭激石的美景，不禁"以水石相喧、为耳目共赏"，令人尘积涤尽。明代薛侃《水帘洞》诗云："一道珠帘水，长悬苍翠间。冷风吹白日，急雨响空山。"20世纪50年代，因大石壁采石以建水库，水帘飞瀑景观受到影响，现存水帘飞瀑为1991年重建，在红花湖东入口牌坊附近。"象岭飞云"描绘的是西湖西北二、三十里的象头山，象头山峰峦秀杰，从西湖望之，如若屏障，常有气云飘忽，晴空变化万状，雨过锦绣云开，美不胜收，抒发崇尚万物自然的审美追求。"这种以自然为宗的审美观要求契合自然之真、生活之真、性情之真，反对矫揉造作，晦涩繁琐，主张直抒胸臆，真切自如，这正是岭南园林的一大特点"[1]。

2. 天时之美

西湖是一个由时间轴线贯通的空间，在这里，有春、夏、秋、冬的季节轮回，有晨昏、昼夜的时光流转：有春日里桃之夭夭、娇艳温暖的"桃园日暖"，有夏日浓荫遮蔽下丝丝凉意的"西新避暑"；也有阳光明媚、勃勃生机的"鹤峰晴照"，皎洁月光下淡泊妙趣的"苏堤玩月"。"榜岭春霖"，描绘西湖榜山春天淫雨纷纷的景象，明朝时归善人陈运曾作诗《榜岭春霖》"叠嶂幽岩锁碧空，翠微常在水光中。谁知慰满躬耕者，尽是冥冥助化工"[2]。

4.1.3.3 西湖纪胜的人文景观序列

惠州西湖可溯源于东晋，宋代开始进行规模化建设，各朝代文人士大夫直接参与西湖建设与题咏。

农耕时期"渔、樵、耕、读"在古典园林中广为运用，表达文人对岁月静好生活的感慨与追求，在西湖纪胜中，"丰湖渔唱""半径樵归"反映渔与樵主题，是西湖景题中最具生活气息的两个景观。吴骞在《西湖纪胜》中，作诗"清响遥随湖水波，卖鱼沽酒即高歌。四边也有禅林梵，不及渔歌天籁多"描写"丰湖渔唱"。"丰"既呼应丰山之下

① 唐孝祥. 岭南近代建筑文化与美学[M]. 北京：中国建筑工业出版社，2010.
② 张友仁. 惠州西湖志[M]. 广州：广东高等教育出版社，1989：335.

的丰湖，也暗喻物华天宝的丰盈，而"渔舟歌声"与附近丰湖书院的朗朗读书声以及寺庙悠扬洪亮的钟声，正是人间最美的景观。吴骞作诗"遍拾白云荷一肩，相逢半径笑声喧。归来湖上斜阳早，闲对渔舟枕草眠"描绘"半径樵归"。宋湘《丰湖漫草》中写道，"半径人家半卖樵，下廊人家养鱼苗。黄塘人家半耕种，城里人家半造桥"，描绘出西湖人家享受西湖的自然恩赐，过着半农半商、自得其适的生活。

植物种植为自然景观增添人文气息，如"荔浦风清"景题。北宋时期，丰湖周边有种植荔枝的记载，杨杰，北宋嘉祐四年（1059年）在《丰湖歌》中写道："天高日暖荔枝香，风撼一川红玛瑙"[①]。明中晚期，荔浦成为惠州三尚书之一的叶梦熊（1531年—1597年）私家园林泌园的一部分。民国时期，张友仁先生修建荔晴园、仲元林，补植荔枝、间以梅花，邀请文化人士到此做"荔园雅集"，高朋满座，诗酒连连，一时盛事。

建筑是重要的人文景观，在优美的自然环境中意境得到升华，"山寺岚烟""雁塔斜晖"是西湖纪胜中两个与建筑主题相关的景观。变幻莫测的岚烟与若隐若现的山寺飞檐，带给人们无限想象，仿佛置身于迷幻意境。斜晖处处有，而泗州塔占据西湖制高点，景色尤为澹远，斜阳照射在塔顶，暮霭摇金，反照入湖，残霞凝紫。原本静止的寺庙、雁塔，在岚烟、斜晖中变幻中给予动态的想象，达到虚实相生、动静结合的审美意境。

4.2 民系交融的文化性格

惠州地处广东汉民族三大民系交汇的重要节点，民系文化交融互鉴、共生共荣，构成了惠州鲜明的地方特色。客家民系的崇宗敬祖、耕读传家；广府民系的经世致用、开拓创新；潮汕民系的宗族团结、务实重商，这些性格特征体现在惠州的传统村落布局、建筑形制以及建筑装饰上。三大民系相互借鉴学习，推动了建筑技术与艺术的交流，丰富了惠州建筑的人文艺术品格。

4.2.1 村落布局交融

4.2.1.1 客家村落布局的影响

客家民系在惠州人口最多、分布最广，但因为深居山区、交通不便、信息闭塞、商贸迟缓，所以在建筑文化交融方面，主要表现为吸收其他民系在村落布局、建筑形制、装饰装修等方面的做法，自身对于其他民系建筑的影响相对较小。但是，在博罗北部公

---

① 惠州市惠城区地方志编纂委员会. 惠州志·艺文卷[M]. 北京：中华书局，2004：3.

庄镇、杨村镇等地，本地话、客家话双语地带，本地人的传统村落和建筑明显受到客家文化的影响，与博罗南部本地人的村落有着明显差异。

以博罗公庄镇南溪村吉水围为例。吉水围村以朱姓为单一姓氏村，语操本地话。据《朱氏谱记载》，吉水围村始祖朱明为南宋登甲榜赐进士，曾任福建泉州府知府；其第三子朱能于南宋淳熙年间（1174年—1189年）迁至博罗之七女湖罔头邨；朱能七世孙朱瑰于明初迁入杨村镇，后迁公庄水口围开基立村；明末清初，朱儒珍在距离水口围2里处择址立村，即吉水围村。吉水围村择址在公庄河拐弯处，三面环水（图4-2-1），航运便利，相传在其繁盛时期，吉水围码头停靠上百艘船只。村中主要建筑群育堂朱公祠，借鉴客家常见的堂横屋布局（图4-2-2），中间为堂屋部分，采用上七下七三厅形式。中轴线上依次展开下厅、中厅、上厅，属于公共的祠祭空间；三个厅堂两侧为堂间，属于居住部分，堂屋两侧以巷道相隔为横屋，横屋朝向中间，亦为居住空间；四角布置四个角楼，为防御空间。育堂朱公祠还借鉴客家村落建筑常见做法，比如屋面采用悬山顶形式（图4-2-3）、板瓦面、猪嘴瓦头形制，墙体用三合土砌筑墙基、土坯砖砌筑墙身、表面白灰罩面，地面用鹅卵石铺设等。不过，吉水围村仍保留本地村落特征，如村落用

图4-2-1　博罗吉水围村选址
（图片来源：网络）

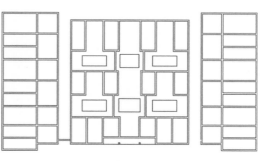

图4-2-2　博罗吉水围育堂朱公祠平面图
（图片来源：作者自绘）

图4-2-3　育堂朱公祠悬山顶屋面
（图片来源：作者自摄）

图4-2-4　博罗吉水围村村门
（图片来源：作者自摄）

围墙围合而成，形成封闭的围村空间（图4-2-4）；育堂朱公祠堂屋与横屋部分未采用廊道连接，与广府村落青云巷做法类似。

再以博罗县杨村镇井水龙村为例。明嘉靖年间朱氏先祖朱时瑛迁入博罗县杨村镇井水龙，相传这是被誉为"九鳅落湖"的一片平地，背靠罗浮山北麓，有海拔500米的锡山顶山脉为屏障，面朝象头山。朱氏家族在此定居约500年历史，语操本地话，现拥有8个自然村，分别是：昌利村、云记村、荣丰村、贞记村、裕龙村、泉记村、水围村、对门村，各自然村顺应山势择址，呈散点分布（图4-2-5），这与惠州客家民系传统村落的散点式分布如出一辙。不仅如此，各自然村的空间布局亦颇受客家民系文化影响，如水围自然村（图4-2-6），建筑坍塌严重，但平面布局上依然能清晰地辨识出来三堂四横四角楼一枕杠的围楼，采用客家祠宅合一的宅祭习俗，将祠堂空间设置在围屋的中轴线上，居住空间围绕中轴线的祠祭空间展开，其慎终追远的文化精神与客家民系如出一辙。

图4-2-5　井水龙村散点式分布（局部）
（图片来源：底图来自百度地图，作者改绘）

图4-2-6　博罗井水龙村水围鸟瞰
（图片来源：作者自摄）

4.2.1.2　广府村落布局的影响

惠州广府民系与客家民系有较大范围的交界面，两个民系之间的文化交融活动较为密切，更多地体现出广府文化对客家文化的影响。广府文化以广州为核心。广州是省会城市，是广东的政治、经济、文化中心。在惠州尽管客家民系分布的范围最广、人口也最多，但在文化意识、信息共享等方面，还是自然而然地向广府文化靠拢。以博罗县湖镇镇林屋村凤安围为例。

凤安围位于博罗湖镇镇林屋村，语操客家话，在显岗水库附近，坐西北向东南，为单一姓氏林姓。先祖由中原迁至福建，再从福建迁至博罗县柏塘镇，其中一支分散至此。因祈盼凤凰展翅高飞、生活太平安静而为建筑群取名凤安围。整个围总面积约22亩，面宽30丈、进深10丈，围前是同样大小的晒坪，晒坪前是直径30丈的月塘，围后一小片树林，树林之后是显岗水库堤坝。

凤安围有着明显的广府民系村落的布局特征。湖镇镇是本地话、客家话同时盛行的镇，本书第三章讨论过的湖镇围村，距离凤安围不到三公里，村落布局与拓展、建筑形制与装饰等都呈现出鲜明的广府民系特征。凤安围受周边文化影响，村落布局（图4-2-7）没有沿用客家传统的堂横屋、围龙屋、围龙形式，而是横平竖直，纵横有序的梳式布局，由四条纵巷（图4-2-8）分成五个部分：三座堂屋、两条横屋，房间总数达108间。除了纵向交通，横向有两条巷道贯穿东西。这种纵横交错的巷道布局具有广府村落极为鲜明的守望相助防御特点。在建筑材质上，凤安围也具有鲜明的广府建筑特征。凤安围摒弃了客家建筑夯土墙、土坯砖墙的做法，采用广府建筑中常见的麻石墙脚、青砖墙身的做法。外墙墙脚由六皮麻石砌筑，高约1.7米。晒坪、巷道等地面也不似客家传统的三合土方式，而采用广府习惯的麻石铺砌的技术（图4-2-9）。

当然，凤安围自身也保留了浓郁的客家围特点，比如两侧横屋的设置。中间及两侧围屋虽然前后是单开间排屋形式，但中厅部分两侧的花厅布局却是地道的客家围屋做法，而三座堂屋中间依旧保留着非常规整的前厅、中厅、祖厅的祭祀公共空间。再如，广府祠堂大多成排的位于建筑群的第一排，如果是单座祠堂一般位于村落的左手边

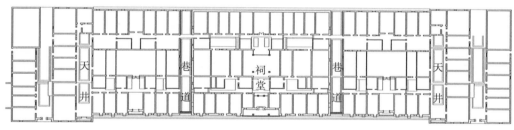

图4-2-7　博罗湖镇镇林屋村凤安围平面图
（图片来源：作者自绘）

图4-2-8　博罗凤安围巷道
（图片来源：作者自摄）

图4-2-9　博罗湖镇镇林屋村凤安围晒坪与首排建筑
（图片来源：作者自摄）

（如果村落坐北朝南，祠堂则在东边），凤安围则依旧保持祠宅合一的习惯，三个堂屋中间都是公共祭祀的祠堂空间。

4.2.1.3　潮汕村落布局的影响

惠州三大民系村落布局特色鲜明：客家村落呈散点式分布，广府村落呈规整的片状分布，潮汕村落则是密集的团状分布。惠东是个方言复杂的县，又以南部沿海的稔山、铁涌、吉隆、港口、黄埠等镇的方言最为复杂，潮汕话、客家话、占米话（本地话）、军声话等多种方言，反映出民系之间文化交流的频繁。

以惠东吉隆镇瑶埠村为例。瑶埠村，陶姓，据《陶氏族谱》记载，瑶埠村陶氏先祖原居南雄石井头七星街珠玑巷，明嘉靖三十年（1551年），陶能迁居至此，繁衍生息。从族源来看，瑶埠村有明显的"珠玑巷"文化认同，是广府民系文化的典型特征。

瑶埠村语操本地话，村落布局却有着鲜明的潮汕民系特征。惠州潮汕传统村落的布局特点是，爬狮、四点金等基本住宅单位组合而成围寨或围村，并向四周形成密集式拓展。第一，村落空间布局。瑶埠村起初以陶氏宗祠为中心，横平竖直、较为规整，随着人口不断增长，村落向核心区四周扩散，形成团状的密集式布局（图4-2-10）。第二，中轴线的设置。瑶埠村村落中间有条宽约六米的纵向巷道，巷道尽头是陶氏宗祠。村落纵向主干道尽头为祠堂的做法，在笔者调研的惠州广府村落中较为少见，但在潮汕村落中比较常见。比如惠东黄埠镇杨屋村长兴围内，中轴线末端为单开间的杨氏祖祠；惠东稔山镇长排村围寨内，中轴线末端为陈氏祖祠等。第三，祠宅关系。广府村落的祠堂一般位于建筑群的第一排，而瑶埠村的祠宅处理手法，明显潮汕民系建筑文化特征，陶氏宗祠位于村中主干道也即是中轴线的末端，宗祠两侧是鳞次栉比的民宅（图4-2-11），民宅范围内散布着十余个陶氏祖祠，这是惠州潮汕民系典型的祠宅关系表达方式。

图4-2-10　惠东吉隆镇瑶埠村密集式布局
（图片来源：网络）

图4-2-11　惠东吉隆镇瑶埠村宽阔主纵巷
（图片来源：作者自摄）

4.2.2　建筑形制交融

4.2.2.1　客家建筑形制的影响

客家建筑文化对其他民系的影响不仅体现在村落形态上，也体现在建筑形制上。以前文提及的博罗杨村镇井水龙村建筑，通奉第为例。

通奉第由朱萃瑛建于清道光九年（1829年），耗时八年方竣工，建筑通面阔55.21米，通进深31.58米，建筑占地面积1744平方米。受客家建筑文化影响，建筑形制有如下特征：第一，在平面形制上，通奉第后依风水林、前有半月形水塘，建筑群采取客家常见的上七下七三堂两横两角楼形制，以中为轴，左右对称（图4-2-12）。第二，在建筑立面的设计上，正处于核心位置的厅堂建筑是立面构图的中心（图4-2-14），两侧居住用房配置左右，主入口位于建筑群的中轴线上，中间堂横屋部分的屋面高于两侧，表达主次尊卑秩序观念；两侧横屋山墙朝向正立面。第三，墙体做法。建筑正立面以及中轴线两侧墙体的墙基为三合土夯筑，墙身为金包银做法，即外为青砖、内为土坯砖；其余均为三合土墙基、土坯砖墙身，表面白灰罩面。第四，小木作。客家建筑经常在单开间的中堂、后堂的入口制安栏杆罩（图4-2-13），栏杆罩用立柱将入口分为三个开间，三开间顶部为一横披，横披下安一道横枋，枋下柱间是骑马雀替；栏杆罩中间宽、用作通道；左右两侧窄，由绦环板、格心、裙板等部分组成。

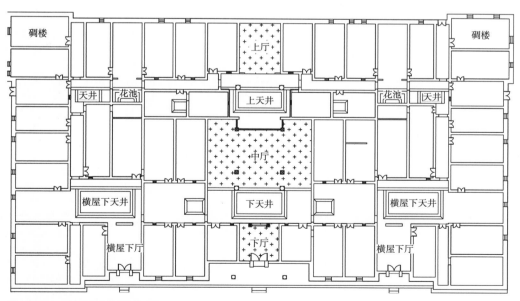

图4-2-12　井水龙村通奉第平面图
（图片来源：作者自绘）

当然，通奉第亦有广府民系建筑特征，如正立面的镬耳山墙、花岗石柱子与柱础等。最突出的是驼墩斗栱形制的梁架（图4-2-15），在前堂前檐和中堂轩廊中使用，梁上立柁墩，柁墩上置一层或两层斗栱，承托上一层梁和檩，斗栱、柁墩和檩间连系构件等组成一组斗栱驼墩。驼墩构件截面较为方正，表面雕刻鹿；相邻两根檩条之间构件呈龙鱼状，龙头朝下连接下一层檩条，龙尾朝上连接栱头。这是广府民系公共建筑中经常使用的梁架形式。

图4-2-13 通奉第栏杆罩
（图片来源：作者自摄）

图4-2-14 井水龙村通奉第正立面
（图片来源：作者自摄）

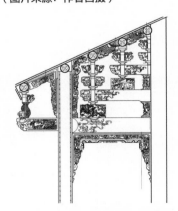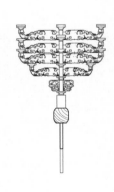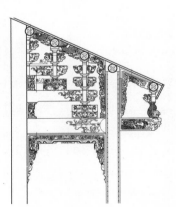

图4-2-15 井水龙村通奉第前堂梁架大样
（图片来源：李光辉绘）

4.2.2.2 广府建筑形制的影响

广府文化是广东的主流文化，对周边文化的辐射力强，建筑文化亦是如此。在建筑文化交融中，惠州的客家民系、潮汕民系广泛吸收广府建筑建筑工艺、建筑用材、建筑构造等方面的做法。以惠东县白盆珠镇金竹埔村赖氏宗祠为例。

赖氏宗祠位于白盆珠水库附近的金竹埔村。赖氏先祖于明正统年间由梅州五华大水坑乐和寨迁居于此，清乾隆丙辰年（1736年），祠堂重建，清道光丙申年（1837年）祠堂重修。与传统客家祠堂相比较，赖氏宗祠受广府祠堂建筑的影响至深，分析如下。

第一，祠宅分离。在处理祠堂与住宅的关系上，客家民系与广府民系有着鲜明的差别，前者通常做法是在围屋的中轴线上布置祠祭祀空间，轴线以外基本为居住空间，即祠宅合一；后者的祠堂和住宅往往彼此独立，即祠宅分离。赖氏宗祠由明代迁居此地时的祠堂合一，到清代的祠宅分离，与祠堂所在位置频频水患相关。据村中赖北新老人介绍，宗祠所在位置原本是村中族人居住的围屋所在地，但由于临近西枝江，经常受到江水侵扰，于是族人渐渐迁往宗祠附近、东北面地势相对更高的小山包，宗祠则保留开基祖所选之地，没有变动。

第二，平面布局。赖氏宗祠具有典型的珠江三角洲广府祠堂布局特征，为一路三进三开间二天井四侧廊的布局（图4-2-16）。一路，即沿着一条纵深轴线分布而成的建筑序列；三进，即沿中轴线设下厅、中厅、上厅；三开间，指中间两根柱子和两侧山墙将面阔方向分割为三个开间。赖氏宗祠自入口依次为下厅、前院（含侧廊）、中厅、后院（含侧廊）、上厅，三个厅堂功能分明，空间序列感强。

第三，梁架体系。赖氏宗祠采用的瓜柱梁架和柁墩斗栱梁架，表现出鲜明的广府民系清代中期梁架特色，中厅两榀瓜柱梁架（图4-2-17），13根檩条，梁头作龙纹雕刻，瓜柱顶部阴刻作栌斗状，心檩以如意花草纹柁橔置斗承托。与一般常见的广府梁架比较，其形制相对更为简单，未使用到水束等构件。

第四，屋面做法。侧廊屋面和各堂后檐屋面的交接处理，赖氏宗祠按广府祠堂做法，将两部分屋面处理成各自独立的体系，而客家的做法则常常是两部分屋面相交。

当然，赖氏宗祠仍保留着大量的客家传统建筑的营建特点。如墙体材料使用三合土，三合土夯筑工艺是客家先民所擅长和习惯使用的建筑工艺，赖氏宗祠在兴建时仍沿用了

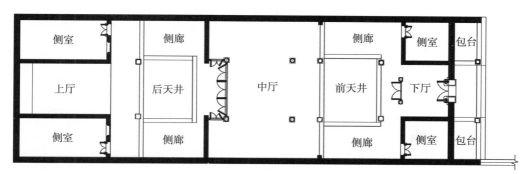

图4-2-16 惠东白盆珠赖氏宗祠平面图
（图片来源：作者自绘）

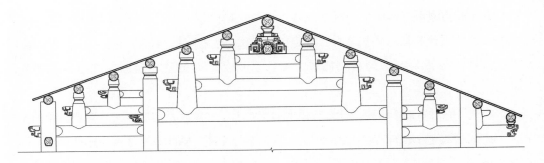

图4-2-17　惠东白盆珠赖氏宗祠中堂心间剖面图
（图片来源：作者自绘）

这一客家传统技艺。又如在梁架中增加客家祠堂内常见的子孙梁和灯梁等，并在髹饰色彩上也采用了明显的客家特色做法。赖氏宗祠体现出广客民系建筑文化交融的特点。

4.2.2.3　潮汕建筑形制的影响

潮汕民系在惠州的三大民系中，是分布范围最小、人口最少的一个民系，但由于潮汕民系建筑大木梁架工艺精致、造型优美，因此在民系彼此交汇地，潮汕建筑文化对客家、广府建筑的梁架产生影响。

潮汕民系的木构架称为"大栋架""大屋架"，栋架之中，前后金柱之间大通范围内称为"架内"，架内的构架小者用二通三瓜三架坐梁，大者使用三通五瓜五架坐梁。五架坐梁（图4-2-18）大量使用在祠堂、庙宇等建筑的当心间，即前后金柱之间的梁架，其结构是步柱（檐柱）、青柱（金柱）直接承托檩条，瓜筒架于大通、二通、三通之上，瓜筒上的斗承托檩条，各通之间有束木联系，通梁之下也有通随联系。五架坐梁

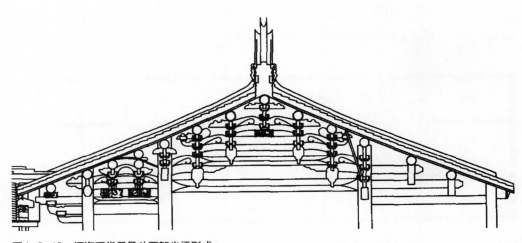

图4-2-18　闽海系常见叠斗五架坐梁形式
（图片来源：曹春平. 闽南传统建筑[M]. 厦门：厦门大学出版社，2006：44. ）

的另一个特点是叠斗抬梁，即头肩是以层层叠叠的斗来代替瓜筒，斗上直接承托檩条，叠斗间用二三跳丁头栱承托鸡舌稳定檩条。叠斗式木构架在潮汕地区称为"五脏""五脏内""五脏腑"①。

图4-2-19　惠东吉隆镇瑶埠村陶氏宗祠中堂心间梁架
（图片来源：作者自摄）

　　惠东吉隆镇瑶埠村陶氏宗祠，中堂梁架属于典型的福佬民系建筑文化风格（图4-2-19），采用叠斗抬梁，大梁上骑两个瓜筒，瓜柱层层叠斗之上直接承托檩条；瓜柱之上承托二梁，二梁上又承托两个瓜筒；每根檩条以层层叠叠的斗代替广府建筑中的瓜柱，在叠斗上直接承托檩条，叠斗之间用栱承托鸡舌稳定檩条。

4.2.3　建筑装饰交融

4.2.3.1　客家建筑装饰的影响

　　客家建筑装饰不如广府和潮汕民系精细，装饰手法主要为木雕、石雕、彩描等。客家建筑装饰对其他民系建筑装饰的影响，主要体现在局部构件的客家特征上。比如博罗杨村镇井水龙村通奉第，始建于清道光年间，正是惠州客家建筑木雕装饰日趋精美的阶段。建筑入口次间檐口梁上的驮墩斗栱（图4-2-20）未采用同时期广府民系常用的石雕狮子驮金花造型，代之以木刻的狮子花瓶造型，狮子神态憨态可掬、活泼灵动，客家特色鲜明。挑梁下撑栱采用草龙形式（图4-2-21），龙嘴吐出卷草，卷草承托挑梁，龙头插入檐墙，雕工精细，形态栩栩如生，构件的装饰功能与结构功能得到了完美结合。

图4-2-20　井水龙村通奉第狮子花瓶
（图片来源：作者自摄）

图4-2-21　井水龙村通奉第龙形撑栱
（图片来源：作者自摄）

① 曹春平. 闽南传统建筑[M]. 厦门：厦门大学出版社，2006：41-44.

4.2.3.2 广府建筑装饰的影响

广府建筑装饰手法多样，工艺相较客家而言更为精细，其影响力也更强。以惠东白盆珠赖氏宗祠的屋面为例。如前所述，赖氏于明代由纯客区五华迁徙至此，但其宗祠在清代重建时改为广府祠堂建筑常见的形制，在正脊装饰中亦为明显的广府风格：船形正脊，两端高高翘起，在脊身两侧用灰塑装饰，并仿照广府灰塑正脊的多段式做法，装饰题材丰富多样。如前堂龙船脊，正立面脊尾作卷草纹，五段式构图，其主题分别为夔龙纹、草木瑞兽、人物小品、草木瑞兽和夔龙纹（图4-2-22）；两侧夔龙纹样不同，两段构图之间以博古纹相隔。背立面（图4-2-23）较为简约，为三段式构图，题材分别为卷草纹、花草灰塑、卷草纹，两两之间以瑞兽隔开。

图4-2-22 惠东白盆珠赖氏宗祠下堂正脊正立面
（图片来源：作者自摄）

图4-2-23 惠东白盆珠赖氏宗祠下堂正脊背立面
（图片来源：作者自摄）

广府建筑装饰对惠州潮汕民系建筑的影响，可通过惠东梁化镇石屋寮村观音庙加以说明。石屋寮村现有居民5000余人，其中陈姓占多数。陈氏族人于明末由福建漳浦县迁来此地，语操福佬话。村中观音庙始建于清乾隆六年（1741年），后殿内子孙梁下刻有"时大清乾隆六年岁次辛酉缘首信生陈德教新暨合乡众信士等孟冬榖旦全建"，年代记载清晰。

观音庙一路两进三开间，装饰最精彩的地方在于梁架的雕刻。梁架每个构件都精雕细琢，后殿前檐步架（图4-2-24）的驼峰正面雕刻瑞兽，背面雕刻成如意纹；三步梁、双步梁两头雕刻卷草纹；后殿内槽（图4-2-25）七架梁、五架梁、三架梁梁头雕刻涡卷纹，梁与梁之间的中间位置放置半截驼峰，雕刻如意纹饰，起蜀柱的作用；心檩底下的垫板雕刻成卷草纹饰。梁架整体的雕刻风格为典型广府建筑风格。

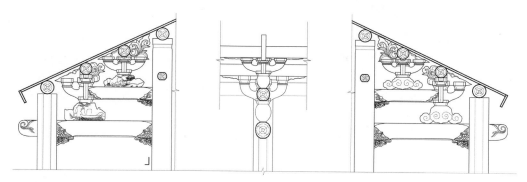

图4-2-24　观音庙后殿前檐梁架大样图
（图片来源：作者自绘）

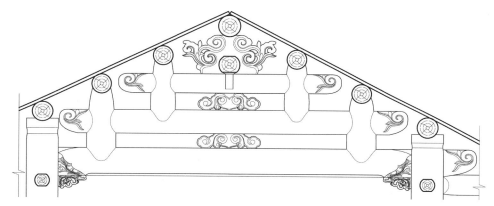

图4-2-25　观音庙后殿内槽梁架大样图
（图片来源：作者自绘）

4.2.3.3　潮汕建筑装饰的影响

潮汕民系建筑装饰具有明显的工艺精致、色彩艳丽等优点，在民系建筑文化交融上，以输出为主，尤其在惠东东北部的高潭、宝口、多祝等地。在与汕尾接壤的区域，彼此之间的渗透交融表现得更为明显。

惠东宝口镇佐坑村是徐、谢两姓的聚居之地，均语操客家话，其中又以徐氏为大族。明清鼎革之际，徐佑携妻儿迁入佐坑村避世，村中的徐氏佑公祠即为纪念开基先祖而建。谢氏珍公祠为上五下五两进式客家围屋形式，五云楼为徐氏佑公祠建于清光绪年间，两堂两横四角楼围屋形式。两座建筑前堂前檐的瓜柱，将瓜柱加工成圆圆的"金瓜"（南瓜）形，并强调柱脚的艺术加工（图4-2-26、图4-2-27），是潮汕建筑标志性构件的典型特征。

图4-2-26 惠东马山谢氏珍公祠梁架　　　图4-2-27 惠东马山五云楼木构件梁架
（图片来源：作者自摄）　　　　　　　　（图片来源：作者自摄）

4.3 经世致用的价值取向

不断提高建筑的舒适性以努力满足人们对生存环境的最大需求，在所需之时加强建筑防御性以提高居住的安全感，不断增强建筑的教化功能帮助形成正确的价值观，均是惠州建筑经世致用品格的体现。

4.3.1 提高建筑舒适性

惠州经世致用的价值取向首先体现在建筑如何更好地满足使用的舒适性。本节以平面布局为例，探讨不同民系对于居住舒适性的基础考量。

4.3.1.1 客家民宅由单间式到单元式

惠州客家围屋随着经济的发展、时代的进步，越发关注小家庭的私密性与舒适度，居住空间由单开间形式逐步过渡到单元式。

第一，单开间单房式围屋。惠州堂横屋、围龙屋、方楼等形式，房间基本为单开间、单房布局，每一个家庭一个房间，房间与房间之间一墙之隔，舒适性和私密性，在大家族利益面前，都无足挂齿。如惠阳良井镇大白村杨氏围龙屋，其平面布局与粤东围龙屋极为相似，中心堂屋部分采用上七下厅两厅式，两侧横屋为单开间单房形式，后面还有很规整的半月形围龙，但围龙部分并未建屋。

第二，单开间前厅后房形式。居住部分的房屋依然是单开间，但纵深加长，并形成前厅后房的布局，小家庭内部的公共区域和卧室功能得以区分。例如惠阳秋长镇黄竹沥老屋（图4-3-1）于清康熙二十九年（1690年）由沙坑叶氏二世祖叶荣庭建造，为

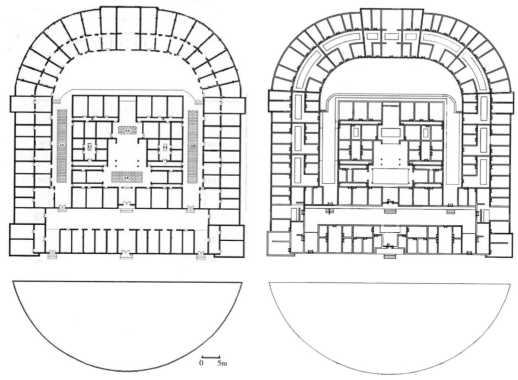

图4-3-1　惠阳秋长黄竹沥老屋平面图　　　　图4-3-2　惠阳秋长石狗屋平面图
（图片来源：《惠阳秋长镇全国历史文化名镇申报材料》）　（图片来源：作者自绘）

三堂两横前倒座一围龙格局（图4-3-1），总面阔64.8米，总进深69.1米，建筑占地面积4478平米，因位于其父建造的石狗屋右侧，又称为下屋。黄竹沥老屋横屋和围龙部分为单开间的前房后厅平面布局，相较单开间单房式，舒适性得到一定提升。此外，中厅两侧的房间形成小天井合院的布局，满足小家庭多人口的居住方式。

　　第三，带天井小合院的单元式。相较前厅后房的布局，带天井小合院无疑更好地保障小家庭的舒适性和私密性。以惠阳秋长石狗屋为例（图4-3-2）。石狗屋由惠阳叶氏一世祖叶特茂于清康熙八年（1669年）始建，其曾孙叶维新于乾隆三十年（1765年）进行扩建，形成现有三堂两横前倒座后围龙形制，总面阔70.8米，总进深71.8米，建筑占地面积5083平米。横屋、倒座和围龙部分均采用带天井小合院的单元式设计。

　　惠州的客家围屋居住用房经历了一个由单开间单房、到单开间前厅后房、再到小天井合院的变化。这表明，惠州客家民系经历了一个从宗族制大家庭转移到小家庭为核心的单元院落的发展过程，在形制上逐渐表现出对于小家庭生活私密的保障，同时更加增加小天井，方便小家庭生活起居，功能空间更为合理配置，舒适度逐渐提高。这也反映出，清代珠江三角洲商品经济的繁荣发展带动了家族内部人口的变化与流动，促使大家族内部小家庭的不断细化。

4.3.1.2 广府民宅齐头式到合院式、共墙到独立墙

对于更为宽敞、舒适的室内空间是共性的追求。惠州广府民系亦在平面布局上不断提高舒适性。

田坑古城是惠州极具代表性的围村（图4-3-3）。位于惠东县多祝镇长坑村，始建于明末，当时已有马氏家族落居于此，此时，村落采取本地常见的排屋形式，现存五排齐头式民房，马氏宗祠位于中间排房屋，单开间。清康熙二十五年（1686年），陈氏八世祖陈西峰购入田坑部分土地，开始建造房屋，乾隆三十八年（1773年），陈氏十世裔孙赞琰、赞志，主持修建大夫宗祠，在宗祠墙壁镶嵌《陈氏二三房合建宗祠碑》，开篇写到"盖吾先世为南雄之石井人，自始祖有信公从南入惠，而家归善之老田坑"。除大夫宗祠外，围墙、炮楼、民宅等——建造。此时，居住房屋不再是单开间的齐头式，而是采取五开间、两进的四合院形式。合院形式显然能满足人们对舒适性的更高要求，不仅建筑内部功能分区可以更为合理，天井、厅、房、廊等一应俱全。

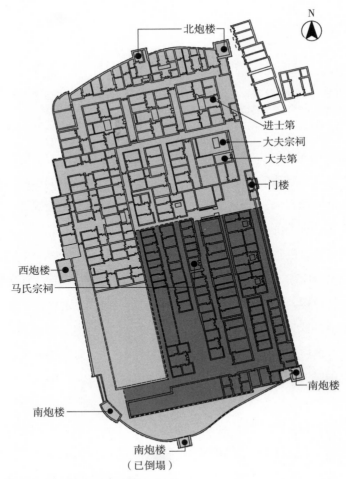

图4-3-3　田坑古城分期建设示意图
（图片来源：何伟森绘）

齐头式到合院式是居住生活的质的变化，对于已有较为舒适的三间两廊布局，则由共墙转化为独栋。以龙门绳武围为例（图4-3-4）。绳武围位于龙门龙蓼溪嶂，明万历元年（1573年），李素闲移居现绳武围所在之处，建鼎革楼；明末清初，遭匪寇血洗，清早、中期，得以重新规划建造，历经三代人建成绳武围。万历年间的平面已不可考，但现存村落可以清晰地看到内部民居独栋而立，不仅小家庭的私密性得到更多保障，而且由于独栋排列，能形成更多的纵横巷道，通风更好，居住更为舒适。

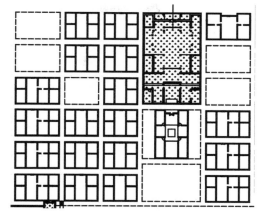

图4-3-4　绳武围独栋民宅
（图片来源：作者自绘）

4.3.1.3　潮汕建造由围寨到大屋

惠州潮汕民系村落的建设有着较为鲜明的特点，一般立村之初规划完整的围寨，围寨不能满足日益增多的人口时，在围寨周边建造大屋是极为普遍的方式。从围寨到大屋，平面上，围寨内的爬狮到围寨外常见的三座落，小家庭有了更为宽裕的生活空间；建筑高度上，围寨通常较为低矮，而三座落等大屋形式的内部空间更为高敞，舒适度越来越好。

4.3.2　提升建筑防御性

惠州传统建筑在强化舒适性与私密性的同时，也在增强建筑防御性，这与明清时期惠州治安不稳、海寇匪患严重密切相关。其一，明代中晚期，倭寇之乱愈演愈烈，尤其嘉靖持续到隆庆、万历的四十多年是明代倭寇危害最重时期。明代抗倭名将俞大猷南下剿倭，首战便在惠州。其二，清顺治三年（1646年）朱由榔在肇庆监国，改号"永历"，与南下清兵抗衡，清兵由福建进入广东，惠州成为战场。其三，清初，郑成功反清，清廷实行海禁政策，沿海平民铤而走险从事海上贸易，由此引发官民之间激烈争斗。其四，农民起义，其中翟火姑起义是清代惠州地区规模大、时间长、影响广的农民起义。其五，匪患，例如"光绪二年，外匪余得荫勾结归善平山、马鞍等约匪徒，潜聚合江门，意图揭竿起事。旋获，余得荫解省正法，余党悉散"[1]。

---

① [清]刘溎年. 惠州府志[M]. 何志成，点校. 广州：广东人民出版社，2016：382.

种种不安因素，加强建筑防御能力成为百姓设防自卫的有效方式，常见的防御可分为居防合一和居防分离。

4.3.2.1 居防合一

居防合一是指防御功能融合在居住空间中。这一防御方式在客家建筑中表现得尤为突出，惠州客家建筑早期为堂横屋、围龙屋形制，防御性较弱，通过增加倒座、角楼、望楼等增强建筑防御性能，形成围楼建筑形制。

第一，增加建筑外围高度与倒座。堂横屋、围龙屋均为单层建筑，为增强防御，将建筑外围一圈增高到两层，并在檐口加砌一堵女儿墙，外围高度大大增加。比如惠阳秋长黄竹沥老屋，叶荣庭建于清康熙二十九年（1690年），为围龙屋形制，单层建筑，外墙檐口到地面高度约4米。其弟叶辉庭于康熙四十三年（1704年）建南阳世居，外墙檐口高度达到6.3米。为确保堂横屋和围龙屋形制的完整，同时又要增加建筑的高度，于是在堂横屋或围龙屋前面增加一排倒座，倒座与左右横屋连接在一起，成为一个包围形式，倒座等外围一圈的房屋通常建成两层楼；堂横屋或围龙屋和倒座之间形成一条狭长形的户外公共空间，称为"下天街"（图4-3-5）。

第二，增加角楼。在建筑外围四个角增加角楼，角楼的屋顶高出其余部分屋面（图4-3-6），墙体突出围屋外围，以更好地消除防御死角。惠城水口万卢村万年围屋，为民国时期东江富商李佛戴建于东江江畔，三堂两横平面形制，四个角各建一个角楼，角楼与角楼之间各自独立（图4-3-7）。角楼与角楼之间增强联系则更有助于增强防御，在屋顶女儿墙后，通常设一道环绕四周的走马廊道联系（图4-3-8），走马道常见为条石，一头插入女儿墙悬挑而成，这种做法如同古时的栈道做法。

第三，增加望楼。望楼也是惠州客家围屋中极为重要的防御建筑，通常在围楼中出现，一般位于中轴线末端，高三、四层，是整座围屋的制高点。望楼两侧墙和后墙一

图4-3-5　惠阳南阳世居倒座与下堂间
（图片来源：作者自摄）

图4-3-6　惠东宝口镇佐坑村五云楼
（图片来源：作者自摄）

图4-3-7　惠城水口万年围屋
（图片来源：作者自摄）

图4-3-8　博罗井水龙村走马道
（图片来源：作者自摄）

图4-3-9　惠阳秋长拱秀楼望楼
（图片来源：作者自摄）

图4-3-10　惠阳镇隆大光村崇林世居望楼
（图片来源：作者自摄）

般凸出建筑后墙，与后部两角楼互成崎角，比如惠阳秋长拱秀楼（图4-3-9），建于清同治四年（1865年），始建之初便规划并建造望楼，望楼得以凸出后墙。有些望楼为后来增建，望楼其外墙与后枕杠外墙齐平，并未凸出墙体兴建。比如惠阳镇隆镇崇林世居，始建于清嘉庆三年（1798年），清光绪二十三年（1897年）时在后枕杠处加建望楼（图4-3-10），形成现有的三堂四横四角楼一倒座两杠屋一望楼的方楼平面形制。望楼除防御功能外，在平时一般作为家族子弟读书之地。

4.3.2.2　居防分离

居防分离是将建筑的防御空间单独出来，即居住建筑与防御建筑属于不同建筑，在居住建筑之外建造炮楼作为防御之地。炮楼一般高四、五层楼，通常用三合土夯筑或青砖砌筑，这种坚固的炮楼平时不使用，只有在外来侵扰发生时才使用。相较居防合一形式，居防分离的方式更能保障居住的舒适性。炮楼在村中的位置视防御需求而定。第一，炮楼在村落轴线末端，比如龙门永汉马图岗村。该围村防御性强，外围一圈水域，建筑群坐东南向西北，单开间齐头屋排列在东、西、北三面围墙，南面为村落风水林，村落中轴线是祠堂，轴线末端是炮楼（图4-3-11），也是村落建筑群位置最高处，依靠后林山，在炮楼上视线无阻。第二，炮楼在村落建筑群外沿前方，例如龙门龙城花围村。花围村是一座排屋式围村，村内建筑群坐东北向西南，炮楼——焕文楼为坐南向北。花围周边无山丘等高地可依，焕文楼高4层，屋顶设置台阶（图4-3-12）可站在屋脊上远眺，镬耳山墙和女儿墙上布设多个枪眼，建筑总高20余米。焕文楼的朝向与村落建筑的朝向呈45°夹角，因此，在焕文楼里，不仅可以查看各个方面的军情，亦能随时洞察到建筑群中的动态，避免因为建筑群相同朝向而带来的视线盲区。第三，炮楼在村落建筑群外

图4-3-11　龙门永汉马图岗村炮楼残垣
（图片来源：作者自摄）

图4-3-12　龙门龙城花围村焕文楼屋顶防御
（图片来源：作者自摄）

图4-3-13　龙门地派镇见龙围
（图片来源：作者自摄）

惠州建筑文化与美学

沿后方,例如龙门地派镇渡头村见龙围(图4-3-13)。见龙围是一座三堂两横一围龙的客家围龙屋,始建于清道光四年(1824年),建筑占地面积2630平方米。清咸丰三年(1853年),炮楼开始建造,耗时三年,面阔17.7米、进深16.7米,建筑占地面积约300平方米,属于较大规模的炮楼,楼高5层,约22米。墙基为花岗岩条石、墙身青砖砌筑,四角墙体凸出,凸出部亦分布设枪眼,以增加瞭望范围、减少视线盲区。整座炮楼仅一个大门出入,门洞窄而厚,宽仅0.8米、高仅1.9米、厚却达1米。炮楼内功能齐全,仓库、伙房、住房、议事厅、水井等一应俱全。如同焕文楼与花围朝向差异,见龙围的炮楼与围龙屋的朝向亦存在夹角,炮楼坐东北向西南,围龙屋坐东向西,朝向差异更利于瞭望、观察。

4.3.3 增强建筑教化性

传统建筑中,通过楹联题对、三雕三塑艺术手法,借由文字、图案等方式表达宗族伦理、读书入仕、祈福纳祥的美好愿望,同时达到教化目的。

4.3.3.1 宗族伦理

伦理道德在社会意识形态中占据中心地位,在宗族文化发达的惠州,宗族伦理强调敬宗收族。

1.楹联题对以点睛之笔进行教化

楹联题对在传统建筑中广为使用,少则三五对,多则十几对,营造浓厚的文化氛围。(图4-3-14)

通过凝练的语言可以传达家族的历史与辉煌。如惠城区桥西街道叶氏宗祠堂联"将相一门三太保,公卿九代十乡贤"[1],一门三太保,指的是叶梅实六世孙叶标,诰封"光禄大夫太子太保、南京工部尚书",七世孙叶春芳"诰赠太保",八世孙叶梦熊封"太保、尚书",连续三代人均为明朝一品官员。这对堂联原是汕尾陆河梅实公祠(叶氏)堂联,由明万历三十五年(1607年)状元黄士俊题写。叶梦熊是府城万石坊人,因此叶氏后人将此联荐至惠州叶氏祠堂,一则让族人了解家族来自哪里,汕尾陆河也;二则以先祖为荣,一门三太保绝非普通宗族,同时也传达祖上荣光好,我辈莫辱没的期许。又如龙门永汉王屋村文佑王公祠"祖德植三槐,此日槐枝应并茂;宗功倍五桂,他年桂芷庆联芳"联。"三槐堂"是王氏的堂号之一,相传王氏先祖王祐,因手植三槐而闻名;五桂,五个子孙发达,指子孙绵绵福禄。

对族中子弟出人头地、光耀门庭、庇护宗族的殷殷期望也通过楹联表述。比如惠城

① 陈训廷. 惠州楹联集锦[M]. 广州:广东人民出版社,2016:135.

区水口镇下源村严家祠中堂楹联"处事有何方，兴让兴仁，共守家规敦古道；亢宗无别法，克勤克俭，各安生计裕良图"。惠阳淡水曲水楼中堂前金柱对联"惟先代力从节俭，创业开基，食报仰前徽，凡在奕叶孙曾，应铭祖德；愿后裔笃事修齐，正伦饬行，整躬能励俗，好趁我曹身世，再振家声"，后金柱楹联"桑梓环居，讲让型仁弘世德；竹林团座，敦诗说礼重宗盟"，表达为祖先争光、为后代造福的光前裕后思想，弘扬宗族伦理纲常。楹联题对通过短小精悍的文字传达宗族郡望、渊源流脉等信息，对族人而言，这是生动而具体的家族教育史。出入其中的子弟潜移默化、耳濡目染地接受忠孝传家、诗书继世思想的教化作用。

2．言简意赅之笔书写宗族愿望

惠州祠堂建筑中在各进心檩下方，经常加置一根檩条，起着结构上拉结作用，同时也被赋予宗族伦理宣教作用，这一做法在惠州客家区域极为盛行。杨星星曾统计归善县客家围屋灯梁、子孙梁梁底的刻字，总结出，上堂子孙梁梁底刻字大部分为"长命富贵"，丁梁梁底刻字基本为"百子千孙"，中堂和下堂的子孙梁与丁梁的刻字多为"奕世其昌""长发其祥""金玉满堂""高门吉庆"等[①]。惠城横沥泰安窝里村刘氏祖祠很符合这一规律，子孙梁底刻"百子千孙"、丁梁底刻"长命富贵"（图4-3-18）。

3．多图案传达瓜瓞绵绵愿望

瓞，小瓜；绵绵，连绵不断，即一根连绵不断的藤上结了许多大大小小的瓜，寓意子孙昌盛、家族兴旺。宗族伦理中核心内容之一即是宗族的繁衍生息、绵绵不绝，各类传统建筑中大量出现，常见的瓜果有佛手瓜、石榴、葡萄等（图4-3-15～图4-3-17），

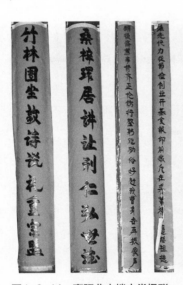

图4-3-16　瓜鼠图

图4-3-14　惠阳曲水楼中堂楹联　　图4-3-15　瓜瓞绵延（一）　　图4-3-17　瓜瓞绵延（二）

图4-3-18 惠城横沥泰安刘氏祖祠子孙梁底"百子千孙"、丁梁底"长命富贵"
（图片来源：图4-3-14至图4-3-18均为作者自摄）

有时将老鼠加入其中，老鼠对应地支中的"子"位，而得"子神"之号，与瓜果组图活泼了画面，强化了繁衍子嗣的伦理教化。

4.3.3.2 读书入仕

通过读书入仕，获取功名，是读书人主要目标之一，在建筑装饰中通过多样谐音等方式表达出将拜相的愿望。博罗杨村镇井水龙村耕经楼联"耕可为，商可为，百万家贯无非耕商处起；经宜读，史宜读，一品国官皆由史里来"。在建筑装饰中，表达这一题材的最常见方式素材之一是狮子，通常用大小不一狮子组合构图，寓意"太师少师"。古代官制中，以太师、太傅、太保为三公，以少师、少傅、少保为三少，太师为三公之首，少师为三孤之首，官位显赫。博罗杨村井水龙村通奉第前堂前檐的双狮图象征步步高升、官运亨通（图4-3-19）；双狮图下面是一条头朝下、尾朝上的鳌鱼，龙头鱼身，寓意"鲤鱼跃龙门"。跃龙门亦有更为形象的画面，禹门一侧为鲤鱼，另一侧为龙（图4-3-20），相传每逢暮春时节，就有无数鲤鱼循河逆流而上，聚在禹门下，奋力跳跃，一跃而过者，化为苍龙，比喻勠力拼搏，砥砺奋进，以比喻科举中试。"二甲传胪"，以两只蟹（又名甲）与芦草（谐音胪）组合而成，寓意科举中第之吉兆（图4-3-21）。除此之外，

图4-3-19 博罗通奉第太师少师图
（图片来源：作者自摄）

图4-3-20 大亚湾径东村跃龙门
（图片来源：作者自摄）

图4-3-21 惠东朝议第二甲传胪
（图片来源：作者自摄）

马上封侯、平升三级、五子登科等均是读书入仕常见的装饰题材,教育子弟奋发图强。

4.3.3.3 祈福纳祥

祈福纳祥是惠州建筑装饰中运用最广泛的题材,福、禄、寿、喜、财等贴近百姓生活,以朴素的语言表达对美好生活的向往。例如喜鹊、梅花寓意"喜上眉梢",两只狮子寓意"事事如意",公鸡与牡丹寓意"功名富贵"等。最有意思的莫过于"蝙蝠",蝠谐音比拟"福",故被当作驱邪避祸、引来福音的象征,装饰手法可以借由灰塑(图4-3-22)、木雕(图4-3-23)、砖雕(图4-3-25)来体现。长寿是我们共同的愿望,寿字纹的瓦当滴水在惠州建筑中使用较多(图4-3-24)。鱼因其谐音"余"且多子,故"年年有余"题材较多使用,惠阳琼林世居山墙出水口做成鲤鱼形状(图4-3-27)。最具特色的莫过于创造一个字,如惠东皇思杨村中将"福禄寿"合而为一(图4-3-26)。

图4-3-22 博罗旭日村蝙蝠脊饰

图4-3-23 博罗公庄启传公祠蝙蝠木雕

图4-3-24 博罗德基公祠寿字瓦当滴水

图4-3-25 惠东岭边村蝙蝠花窗

图4-3-26 惠东皇思杨村福禄寿字　　　　　　图4-3-27 惠阳琼林世居鲤鱼出水口

近代以来，惠州作为东江流域交通枢纽的地位日益突出，商业贸易繁荣发展。惠州市政府以此为契机，大力推动城市建设，促使惠州在城市格局、建筑类型、建筑布局、建筑材料与技术等方面都产生了较为明显的进步。在地域技术特征、社会时代精神和人文艺术品格等方面表现出鲜明的文化地域性格，其建筑风貌的主要特征为中西合璧。

第5章
惠州近代建筑审美文化的转型

5.1 惠州近代建筑地域特征的形态转变

地域条件是文化产生和发展的自然基础，建筑地域技术特征则是建筑文化产生和发展的基础和前提，其内核在于因地制宜，亦即建筑对于地形地貌、自然气候等的适应，通过规划选址、空间组织、结构技术、装饰装修等方面体现出来的特征。近代以来，建筑师积极探寻一条西方建筑文化与本土建筑文化相融合的道路。惠州的建筑类型、建筑技术、建筑艺术都发生了较大的改变，以顺应时代和地方的发展要求。

5.1.1 骑楼的遮阳、防雨及通风

对于气候的适应是建筑地域特征的重要因素，惠州地处亚热带，潮湿多雨、炎热高温、台风季节长，遮阳、通风、防雨一直是惠州传统建筑要解决的关键性问题，近代发展起来的骑楼建筑在整体布局、围护结构等方面呈现出对本土气候特点新的适应措施。

5.1.1.1 惠州骑楼的形成与发展

骑楼自有政策指引、制度推广之后就因其"暑行不汗身、雨行不濡履"的优点在岭南亚热带季风气候区域盛行开来，"作为一种城市制度，建构了岭南近代城市以旧城为中心的基本骨架，并衍生了岭南最具特色的'骑楼街'和'骑楼城市'"[①]。骑楼多位于城市经济较为繁华之地，如城中心、码头、交通要道等，在这种寸土寸金的地带，为能在有限街道长度内布置下更多的店面，沿街的面阔减小、纵向的进深加大，同时不断向高处发展，谋求更多的发展空间，比传统单层建筑显得高耸。

惠州骑楼的发展源于民国时期的街道改良。1928年，《惠阳呈报改良惠城建筑章程案》获批，成立了惠阳（今惠州）改良街道委员会，对县城水东街和府城十字街等主要街道进行改良、兴建骑楼。十字街骑楼今已无存，水东街成为惠州现存骑楼典型代表。水东街始筑于北宋元丰年间（1078年—1085年），依靠得天独厚的水路优势，在明清时期成为东江流域最重要的商品集散地之一，民国时期商业发展达到鼎盛，时至今日，依然人头攒动、热闹非凡。在民国时期的街道改良方案中，马路扩宽至30英尺，两旁人行道及骑楼各8英尺；檐口高度以15英尺为限，只许增高，不许减低。今惠州水东街以新建路为界分为水东东路与水东西路，水东西路于2016年完成改造，仿古建筑风格；水东东路骑楼保存较为完整，中间马路宽14~18米，骑楼首层人行通道宽约2.5米，与民国时期规定的8英尺规格相当，建筑高低错落，前檐檐口则大多在5米以上，部分高近9米。

① 彭长歆. 现代性·地方性——岭南城市与建筑的近代转型[M]. 上海: 同济大学出版社，2012: 86.

5.1.1.2 骑楼遮阳

惠州太阳高度角较大，日照时间较长，辐射常年较高，气候温暖，夏季长达六七个月，冬季不足两个月，因此，遮阳、隔热对建筑极为重要。首先，密集的建筑遮挡阳光（图5-1-1）。水东东路长约480米，两侧分布近200户商铺，面阔大小不一，如水东东路31号面阔3.6米，水东东路178号面阔6.6米，如此紧凑布局反映出城市用地的紧张，同时折射民间应对强光照、台风等极端天气的智慧。建筑与建筑之间因为挨靠紧密，可以互相遮挡阳光。其次，沿用传统建筑双坡屋顶防太阳辐射，太阳东升西落，双坡屋面能自然地避免整个屋面同时处于日晒的状态；当太阳辐射最强时，光线对屋面是斜入射，这两点有利于减弱太阳辐射[1]。再次，骑楼朝街主立面砌筑女儿墙，且采用各种开口的通透形式，或用琉璃竹节形竖杆，或砖砌筑十字图案，或西式瓶状栏杆等，不只是为了美观，减少风荷载对屋面影响，另一方面增加阴影面积，达到遮阳功效。

图5-1-1 惠州水东街鸟瞰（2014年）
（图片来源：作者自摄）

5.1.1.3 骑楼通风

惠州骑楼注重通过多种通风途径来进行散热。

第一，通过街巷空间的整体布局达到顺畅通风。水东东路大体呈东西走向，呈鱼骨形，中间是主干道，两侧是若干条错位分布的巷道，与主干道大致垂直的巷道为南北走向（图5-1-2），起着冷巷的作用，这些巷道是建筑外墙与外墙之间的狭窄通道，不过四五尺宽，由于高宽比大，太阳照射时间短、照射面积小，因此长波辐射少、空气温度低，成为冷巷。据流体动力学原理，冷巷是截面积较小的风道，风速会增大，为了降低气流在街区中的速度，水东东路巷道多采用错位设计，形成若干"丁字"路口，通过多变的空间节点，有效降低台风等气流在街巷中的速度。

第二，通过开设外墙窗户将主导风引

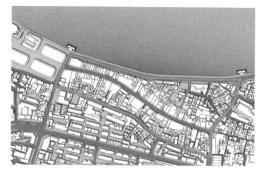

图5-1-2 惠州水东东路鱼骨形街巷肌理
（图片来源：庄家慧绘）

---

① 汤国华. 岭南湿热气候与传统建筑[M]. 北京：中国建筑工业出版社，2005：207.

入室内，组织穿堂风。惠州传统建筑对外比较封闭，外墙一般不开设窗户，但近代骑楼常在外墙特别是二、三楼外墙开设窗户，这些窗户成为通风口，大门亦是通风口，两者之间空气温度不同，形成热力压差。于是，白天室外空气温度较高，室内温度较低，室外空气从上口进入，室内空气由下口排出，形成热压通风；晚上，室外空气温度冷却速度较室内快，于是，室外空气从下口进入，室内空气由上口排出，产生热压通风。

第三，通过增加天窗形成热压通风。惠州部分骑楼建筑在坡屋顶后坡之后增加平屋顶（图5-1-3），坡屋顶到平屋顶借助天窗方便出入。天窗是很好的通风口，位置最高，与一楼大门口形成最大高度差，形成热压通风。

图5-1-3　惠州水东东路天窗
（图片来源：作者自摄）

5.1.1.4　骑楼防雨

惠州平均降雨日数占全年总日数1/3以上，雨量充沛，热带风暴与台风天气带来强降雨，因此建筑的防雨显得颇为重要。首先，惠州骑楼以其高敞长廊较好地保障下雨之时商业活动的开展。惠州骑楼廊道的步行宽度约为2.5米，高度在4.8米左右，这些长廊给行人提供遮风避雨的空间，由于廊道的连贯性，不论刮风下雨还是烈日炎炎，骑楼空间的商业和生活活动得到保障。其次，骑楼建筑屋面开始探索有组织排水形式。惠州传统建筑通常采用无组织排水，每每下雨，雨水直接顺着坡屋顶流落到地面，自由落地的雨水引发更大的飞溅。民国时期，惠州骑楼屋面仍旧大部分采用双坡屋面，排水坡度为1：2，且开始有意识采用有组织排水系统。为了沿街立面的美观，檐口不再出挑，而是沿街外墙处收口，并砌筑女儿墙进行遮挡，檐口靠近女儿墙内设置水平方向的沟槽，沟槽带坡度，中间高、两端低。端部设置排水口，屋面雨水顺着沟槽到排水口，顺势流入排水管内（图5-1-4）。排水管一般为陶制，排水管内雨水流到地面，进入街区的明沟暗渠，再排到江里。再次，支撑骑楼廊道的柱子，尤其是靠近檐口的外围柱子，需经受风吹雨打，因此廊道的柱子基本采用青砖砌筑，有些一砖半墙，有

图5-1-4　惠州水东东路屋面有组织排水
（图片来源：作者自摄）

些二砖墙，由于水东街屡建屡毁，砖的尺寸较为多样，墙体厚度有380毫米、480毫米、570毫米等多种规格。

5.1.2 建筑新材料、新工艺的使用

近代以来，西方建筑材料和技术的发展引发了建筑革命。有识之士独具慧眼，积极引进新的建筑材料与新型工艺，在本土投资设厂，为岭南地区提供了新材料和新技术。惠州顺应历史潮流，在建筑活动中努力探索新的材料工艺，创作出符合惠州人审美趣味的建筑作品，产生了新的建筑美学，反映出惠州人开放兼容、敢于创新的时代精神。

5.1.2.1 水泥

水泥为建筑提供新的装饰手段。广东士敏土厂在陈济棠主政广东时期，"引进丹麦的生产设备，实现生产流程的自动化，并经过两次扩建，生产能力从日产220吨增加到660吨，成为南中国最具规模的水泥厂"[1]。水泥材料的充足给惠州近现代建筑装饰带来新面貌，如水泥和钢筋塑造出阳台护栏各种图案（图5-1-5）。惠东县多祝镇长坑村有一座六边形亭，建于民国三年，为陆军少校陈国强兄弟为其母修建的墓亭，石柱与石柱之间护栏用砖砌筑，呈"工"字形，表面抹水泥砂浆。惠城区水口街道刘秉纲宅建于1939年，钢筋混凝土阳台护栏与传统美人靠弯曲造型颇有几分相似。惠城区水口林瑞山宅的外廊道栏杆和女儿墙均由一个个预制钢筋水泥方形模板砌筑而成，造型轻盈、通透。

a 惠东多祝八角亭护栏　　　　　b 惠城水口林瑞山宅护栏　　　　　c 惠城水口刘秉纲宅护栏

图5-1-5 水泥护栏
（图片来源：a、b为作者自摄；c引自网络）

5.1.2.2 水磨石

水磨石以水泥为胶结材料，以石粒为骨料，加入颜料和水配置而成，具有硬度高、耐磨性好的特性，平整、光滑、不起灰，加之色彩鲜艳，艺术表现力强，成为墙体、地面

---

① 肖自力，陈芳. 陈济棠[M]. 广州：广东人民出版社，2006：64.

等常见高端装饰材料。"1861年，广州沙面原英国驻广州领事馆就使用了现制水磨石。1908年，原湖北军政府楼门厅的现制水磨石地面已有较高的水平"①。在惠州，水磨石于20世纪30年代兴建的住宅中广泛使用，如惠城区上塘街东湖旅店、惠城区上塘街杨启明故居、惠城区水口街道青边村刘秉纲宅、惠阳区秋长街道周田村会新楼等。水磨石是一种人造石，因此水磨石的载体即是石材载体所在，比如墙体、门框、门额、裙板、地面等，尤其是楼梯地面，制作中加上矿物颜料则制成彩色水磨石，不同颜色水磨石编织出色彩鲜艳、花式多样的图案。我们可以会新楼为例（图5-1-6），来解读20世纪30年代人们对于新材料水磨石的喜爱。会新楼主立面三个入口大门均采用绿色水磨石抱框与门楣；中间主入口上面的门额亦为水磨石，完全仿石制作而成，线脚清晰、层次丰富；两侧角楼楼梯平台与栏杆墙面为水磨石地面，洋红色，与大门抱框红色镶边颜色一致；祖堂两侧栏杆罩的裙板部分，传统建筑一般为麻石材质，上作深浮雕装饰，会新楼则采用水磨石作裙板，绿色边框、中间红色底色、绿色菱形，黄色线脚点缀其中，色彩艳丽醒目。

a 水磨石门额

b 水磨石门楣

c 水磨石裙板

图5-1-6　惠阳周田村会新楼水磨石
（图片来源：作者自摄）

5.1.2.3　水泥花阶砖

水泥花阶砖是惠州20世纪20、30年代建筑极具代表性的地面装饰之一，"由彩色颜料、水泥和大理石粉末按照一定次序分层制成的混合物，浇注到事先制作好的金属模具中，迅速取出模具，然后压缩制成"②。翟雨亭宅、杨启明故居、刘秉纲宅等惠州20世纪30年代代表性住宅中地面均采用花阶砖。相较本土传统单色大阶砖，花阶砖尺度较为小巧，常规尺寸为200毫米见方；在用色上较为大胆，多以红色为主色调，配以白色、黑色等，冷暖配色合理；图案以八角星、菱形等几何图形为多见，明暗搭配得当；靠近墙角的收边则多以绵延不断的回纹为主要图案，整个地面"花"而不乱，沉稳大气，反映出主人的身份与地位，也表达出主人的审美与巧思。

① 史学礼，汝宗林. 水磨石的今昔[J]. 石材，2020（9）：46.
② 韩建华. 中国近代水泥花砖艺术研究[M]. 北京：中国轻工业出版社，2020：9.

5.1.3 建筑新结构的出现

近代以来，随着水泥、钢筋等新材料的引进，以及西方营造方式的影响，传统砖木混合结构"硬山搁檩"等类型结构体系受到挑战，建筑的层高、跨度等因此发生变化，由传统木柱或石柱、砖墙承重等方式过渡为砖混结构、砖砌拱券、木质三角桁架等结构形式。

5.1.3.1 砖混结构

砖混结构是钢筋混凝土梁板与砖承重墙体结合的结构体系。1905年，由广州沙面治平洋行结构工程师伯捷修改设计的岭南大学马丁堂采用了砖混结构技术，成为岭南大陆地区砖混结构推广应用的标志性事件。惠州近代砖混结构建筑体现了当时先进的结构设计和施工技术成就。

惠城区桥东街道上塘街70号的三层平屋顶洋房是采用新结构的居住建筑典范（图5-1-7）。该房为惠州商会会长翟雨亭于20世纪30年代所建，是惠州最早的西式建筑。采用钢筋混凝土砖混结构，承受竖向荷载的结构墙采用青砖砌筑，柱、梁、楼板、屋面板、基础等采用钢筋混凝土构筑。与传统砖木混合结构相比，钢筋混凝土砖混结构保留了砖墙承重的特点，并以强度更高、耐久性更好的钢筋混凝土梁板代替木制梁板，在防白蚁、防火灾等方面优势明显。钢筋混凝土结构带来平面上的变化，与传统中轴对称的平面不同，东湖旅店打破了中规中矩的平面布局，形成主次鲜明的东、西两个功能分区，主要空间在西面，高二层半，平屋面，以中间大厅为中心，五间房间分列其南北；次要空间高二层，双坡琉璃瓦面，南北各一间房；衔接东、西空间的是一条廊道及廊道北面的杂物间和卫生间。钢筋混凝土结构也带来立面的丰富多彩，混凝土楼板的延伸形成悬挑的阳台，在西面阳台凭栏眺望，惠州东湖美景一览无遗，东面阳台则可见上塘街热闹的市井生活。

惠州西湖百花洲上的落霞榭是采用砖混结构的公共建筑（图5-1-8）。民国李扬敬在《重建百花洲落霞榭记》中写道，"民国二十四春，奉命移驻惠城，目睹此洲荒废残破，

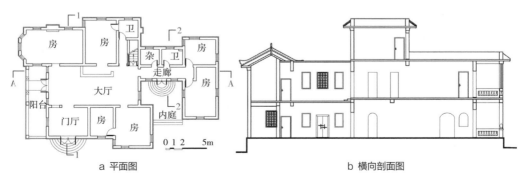

a 平面图   b 横向剖面图

图5-1-7 东湖旅店
（图片来源：作者自绘）

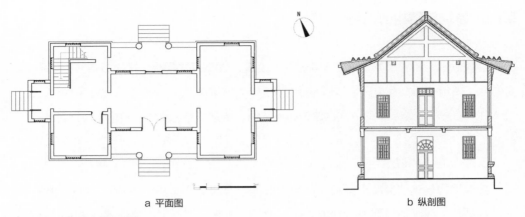

a 平面图　　　　　　　　　　　　　　b 纵剖图

图5-1-8　惠州西湖落霞榭
（图片来源：作者自绘）

以为欲整理西湖，必从百花洲始，爰将洲上旧楼拆卸改建，颜曰落霞旧址，盖原始也。统计全部建筑费一万四千元有奇。除扬敬及本部同人合捐一万元外，不敷之数，由惠属官绅捐助。兹谨序涯略，并志提名于后，用垂纪念。东莞李扬敬志"[1]，建成后，作宾馆之用，因此，建筑等级较高。落霞榭高二层，采用砖混结构，为钢筋混凝土屋面、钢筋混凝土三角形梁架、钢筋混凝土楼板、钢筋混凝土梁、配合砖墙承重，使得建筑内部空间相较以往传统建筑开阔许多，平面呈H形，中间主厅面阔7.2米，进深5.1米，两侧面阔4.5米，进深9.6米，首层净高3.9米，二层净高达到4.9米，宽敞、高大的室内空间着实大气，建筑主体13.3米的高度甚为壮观。

5.1.3.2　砖砌拱结构

拱券在中国传统社会中有良好的使用基础，如石拱桥、无梁殿筒拱庙宇、砖砌筒拱住宅等，近代以来随着西方多样化建筑体系引入，拱券在建筑中的影响力逐渐扩大，在屋面、檐口、窗洞及门洞等均可为拱券载体。相较硬山搁檩，砖拱券结构能带来更大的内部使用空间。

惠阳区周田村会新楼由抗日名将叶刚建于1936年，建筑中轴线屋顶结构形式使用传统硬山搁檩结构，倒座及两侧横屋则广泛使用半圆拱结构形式（图5-1-9a）。倒座拱券以青砖砌筑半圆形拱，拱脚为麻石支撑，半圆拱与拱脚之间以麻石压面，若干个拱券在长度方向上次第布置，透视感被加强，外墙窗户透进来的光线，使得倒座的廊道仿佛一条时光隧道，令人遐思不断。两座角楼二楼则采用三个连续拱券（图5-1-9b），券柱青砖砌筑，表面为水磨石工艺，拱顶为半圆形，以层层外凸的线脚突出其透视感。砖砌拱

---

① 张友仁. 惠州西湖志[M]. 广州：广东高等教育出版社，1989：520.

a 倒座拱券门洞   b 角楼二层拱券

图5-1-9　惠阳周田村会新楼
（图片来源：作者自摄）

券的屋面结构形式使角楼实现较大的跨度空间，宽7.2米，深6.2米的室内空间开阔而高敞，得到最大利用。

相较会新楼的半圆拱，博罗县石湾镇黄西村天主教堂的屋面支撑结构更倾向于尖券结构（图5-1-10）。尖拱是由两条相异圆心弧线相交形成的拱券，弧线向上交织成尖角，是西方哥特式建筑中典型做法，能够将侧向压力更快地向下传导，同时减少侧向的推力，容易塑造内部高耸、竖长空间。黄西教堂平面采用拉丁十字，屋面承重结构采用两圆心尖券将屋面重量传递到柱上，尖券上顶部斜直以承托屋面檩条，各券脚很特别地设有两阶叠涩，暗含起承转合之意，既有利于传力，又有装饰效果。纵向券柱柱头之间设有檩条拉结，可增强教堂结构整体性。与内部承重结构相呼应的是墙体尖券窗户，尖券部分由四条弧线红砂岩石块拼接成尖角，券心由几组放射状的木制尖券组成。教堂外墙面粉刷成黄色，深褐色板瓦屋面，点缀红石窗框，整体色彩和谐，尺度优美，厚重朴素。

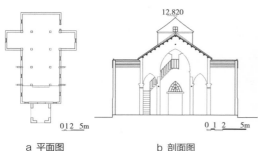

a 平面图   b 剖面图   c 砖砌拱券结构   d 尖券窗户

图5-1-10　博罗石湾黄西村教堂
（图片来源：a、b为作者自绘；c、d为作者自摄）

5.1.3.3　三角形屋架

三角形屋架是近现代惠州建筑常见的结构形式，其中三角形木屋架使用年代跨度大，从清代中晚期到改革开放之前，不同时代均有使用。仲恺区沥林镇银坑天主堂是座始建于晚清民国时期的小教堂，平面长方形，面阔9.6米，进深14.9米，双开间形式，三角形木屋架（图5-1-11a）立于砖柱上，外墙面为清水砖墙，整体朴实无华。惠阳三和街道挺秀书院始建于清中期，1964年马来西亚华侨捐资扩建，增设高二层的后座，采用豪威式屋架（图5-1-11b），杆件受力均匀合理，5根竖杆、4根斜杆把两根上弦各分3段，下弦分为6段，屋架跨度达8米，极大地方便了当时作为学校建筑空间的使用。惠城区桥东黄家塘天主教堂是惠州不多见的采用三角形钢屋架的建筑。该教堂创建于1874年，现存建筑为卢镜如于1922年捐建，平面为巴西利卡式，面阔8.5米、进深23米，屋面承重结构体系采用砖砌半圆拱和三角形钢屋架（图5-1-11c）并存形式。三角形钢屋架是豪威式屋架和芬克式屋架相结合的钢桁架。

a 银坑教堂　　　　　　　b 挺秀书院后楼　　　　　　　c 黄家塘教堂

图5-1-11　三角形屋架
（图片来源：a、c为作者自摄；b为作者自绘）

5.2　惠州近代建筑社会时代的功能演绎

建筑作为文化现象，是特定时代军事、商业、社会等文化背景的外化或缩影。近代以来，惠州因其独特的军事地位在风云际会中发挥重要作用，是革命运动的策源地之一。为纪念和表彰在民主革命中做出重要贡献的代表人物，近代建筑师们创作出纪念堂、纪念碑、纪念亭等形式的纪念性建筑；伴随东江流域运输地位的提升和民族资本主义工商业的发展，多种工商业建筑应运而生；随着科举制度的消亡、现代教育体制的完善，出现了丰富的文化教育建筑类型，呈现出中西合璧的建筑风貌，表达了近代时期求民主、求科学的精神，以及通过教育救亡图强的美好愿望。

5.2.1　从礼制建筑到纪念性建筑

中国传统社会将礼分为"吉、嘉、军、宾、凶"五大类，与建筑形制关系最大的是吉、凶之礼。吉礼，祭祀之礼，对应建筑包括奉祭天地神祇、先人、英贤的坛庙与祠堂；凶礼，丧事之礼，对应的建筑则是陵和墓。礼制建筑是一个国家和民族在精神信仰、价值取向、社会风尚、政教风化等方面的物化表征，也是时代变革中最能反映尊卑贵贱、信仰崇奉变化的建筑类型。

近代以来，惠州尚武重义的民风在不同历史时期发挥着重要作用。辛亥革命前，孙中山领导的十次反清武装起义中，三洲田和七女湖起义发生在惠州。大革命时期，惠州是国民革命军两次"东征"的主战场。土地革命时期，惠东县高潭镇是中国最早的区级苏维埃政权所在地，被誉为"东江红都"。抗日战争时期，惠州建立了中国共产党领导的华南地区第一支抗日武装力量——"东江纵队"（简称"东纵"），成为华南第一个抗日根据地，也是共产党领导的十五个抗日根据地和三大敌后战场之一。同时，抗日战争爆发后，南洋各地组建了数十个华侨回乡服务团，如南洋惠侨救乡总会等，"东江华侨回乡服务团"（简称"东团"）是最具影响力的一个，在华南抗日战场上作出了不可磨灭的贡献。解放战争时期，惠东县安墩镇是中国人民解放军粤赣湘边纵队诞生地和根据地。

伴随社会激变的是传统习俗与信仰体系的改变，旧有的礼制建筑已然不能满足新时代政治、社会、文化的需求，于是新的物质载体如纪念堂、纪念碑、新式墓葬等寄托凭吊、瞻仰、纪念的直观表达方式很快应运而生。

5.2.1.1 纪念堂

在礼制建筑中，纪念堂是最有别于传统的一种类型。"纪念堂"建筑名称的使用应是来源于英文的"memorial"。作为纪念性建筑，这一建筑类型源于中国的专祠传统，即纪念对于为国家或民族做出突出贡献的先烈、名贤等，传统做法是建立专祠以彰忠荩、供景仰、行祭祀，比如孔庙、岳飞庙。但与传统专祠明显的区别是，纪念堂不仅保持了纪念性建筑祭祀空间的庄严气氛，还有明显的宣讲教育功能，堂内讲演区和听众区分区明显；同时作为集会性建筑，这一建筑类型又与传统的茶馆、会馆等建筑有鲜明区别，即由于讲、听二者有着明确的分区而显示出强烈的秩序性与纪律性。

民国时期，中山纪念堂以其数量之多、普及之广而高登纪念堂建筑之首。中山先生甫一逝世，许多地方便开始建设永久纪念物以表达对其崇敬之情，"对于崇尚革命与科学的现代政权而言，建庙显然不合时宜，只有具有现代象征意义与集会功能的纪念堂，才能成为纪念孙中山最普及、最重要的空间象征之一"①。各地着力建造中山纪念堂使民众认识孙中山之伟大精神人格，因而纪念堂成为宣传三民主义的场所。由于修建中山纪念堂既是市政工程，又是一项政治工程，各地政府对中山纪念堂建设极为重视，将修建纪念

---

① 陈蕴. 建筑中的仪式形态与民国中山纪念堂建设运动[J]. 史林，2007（6）：16.

堂看做当地政治与文化发展的重要标志，因此掀起一场规模浩大的中山纪念堂建设运动，中山堂遍及全国各地，仅广东，就有中山、大埔、五华、惠州、高州、清远、汕头、惠来、肇庆、龙门、河源、东莞等地建造的多达30座的中山纪念堂。而其选址也颇为讲究。很快，中山堂所在地便成为城市的核心区域，中山纪念堂也成为当时各地的地标性建筑。

惠州中山纪念堂的兴建不只是声势浩大的建设运动的附和，更是对于中山先生与惠州不解之缘的缅怀。在孙中山数十年的革命生涯中，他曾先后多次到惠州从事革命活动，留下了光辉的革命足迹。孙中山领导的十次反清武装起义中，1900年的"三洲田起义"（又称惠州起义）和1907年的"七女湖起义"均发生在惠州，属辛亥革命的前奏，为最终推翻清朝、光复惠州及武昌起义的成功奠定了基础。陈炯明与孙中山政见不合之后，东征期间，孙中山前后六次来到惠州，亲赴东江前线巡视，并于1923年9月23日在飞鹅岭下总攻命令，亲自指挥重炮轰击驻守惠州府城内的陈炯明。此外，孙中山先生还与惠州名人、近代中国革命先驱廖仲恺、邓演达、叶挺等结下深厚友谊。廖仲恺（1877年—1925年），归善县陈江鸭仔埗人（今惠州市仲恺区陈江街道幸福村），与夫人何香凝自1903年9月在东京结识孙中山之后，便毕生追随孙中山，成为孙中山的亲密战友。邓演达（1895年—1931年），惠阳永湖鹿颈村人（今惠州市惠城区三栋镇鹿颈村），筹建黄埔陆军军官学校时，是孙中山指定的七名筹备委员之一，深得孙中山的信任和嘉许。叶挺（1896年—1946年），惠州市惠阳区秋长周田人，1921年，叶挺调任孙中山之建国陆海军大元帅府警卫团第二营营长，1922年6月，粤军炮轰总统府，叶挺奉命守卫总统府前院，掩护孙夫人宋庆龄脱险。

惠州中山纪念堂始建于1936年，其选址颇为讲究地确定在惠州西湖平湖东面的桳山。桳山，"桳"，南方称为枫树，北方称为桳，古代在惠州任职的官员多是北方人，所以将长有不少枫树的山称为"桳山"。桳山自古为惠州的风水宝地，自公元591年隋置总管府于此、至清末府衙被毁约1400年间，这里一直是惠州历代府治的所在地，是惠州乃至整个粤东的政治文化中心。民国以后开辟为惠州第一公园，1928年为纪念中山先生鞠躬尽瘁、死而后已、致力国民革命的精神，惠州人特将"惠州第一公园"更名为中山公园。同年的街道改良中，原府城十字街得以拓宽、新筑大东路，地面改为灰砂或青砖地面；1933年为缅怀中山先生，将四牌楼更名为中山北路，万石坊更名为中山南路，打石街、横廊下更名为中山西路，大东路更名为中山东路，名称的变更强化了十字街口的城市地位。1936年，开始筹钱建纪念堂，张友仁记载道："（民国）二十五年，邓剑泉师长拨私烟土罚金二万余金，并募捐，筑中山纪念堂。始事者邓剑泉，主办者黄公柱，续成之者丘誉"[①]。1937年中山纪念堂在中山公园内落成，坐北向南，位于十字街的正北，

① 张友仁. 惠州西湖志[M]. 广州：广东高等教育出版社，1989：593.

即中山南路、中山北路的北向延伸，且与东侧府城城墙不足三四十米，墙外即为东江。中山公园成为惠州城内重要的文化景观区，也成为接受孙中山及其三民主义意识形态的政治空间，位于中轴线上的中山纪念堂与堂前的中山先生塑像以及天下为公牌坊共同营造中山公园神圣空间秩序，凸显中山先生的神圣地位。中山纪念堂位于中山公园末端，是公园内最大的建筑，具有隆尊的政治地位和鲜明的政治空间特质，对市民产生极大的视觉冲击力，强化中山公园意识形态。

　　惠州中山纪念堂始建之时恰逢中国近代建筑发展到民族复兴的高峰时期。以1925年南京中山陵设计竞赛为标志，中国建筑师开始了传统复兴的建筑设计活动。尽管在"中国式"传统复兴的处理上模式多样、差别较大，但"中国"韵味突出，建筑风格上追求庄严宏大，以弘扬"民族精神"。惠州中山纪念堂，坐北朝南，始建之初为砖木结构，砖墙承重，木屋架，平面呈"中"字形（图5-2-1a），面阔九开间、进深五开间，外立面看不见柱梁，通过檐口竖向三跳丁头栱及墙体长条窗赋以间的概念。纪念堂整体上尽力保持中国古典建筑的体量权衡和整体轮廓（图5-2-1c），保持着开间形象和比例关

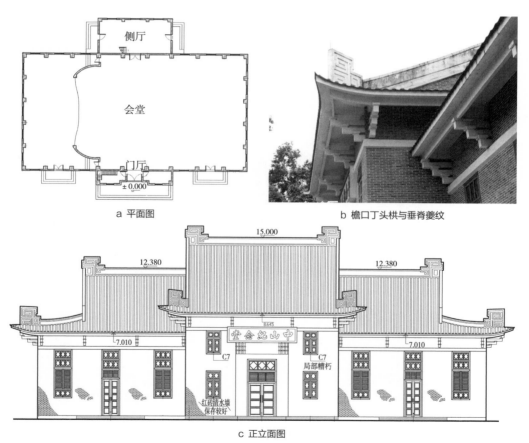

a 平面图

b 檐口丁头栱与垂脊夔纹

c 正立面图

图5-2-1 惠州中山纪念堂
（图片来源：a、c为作者自绘；b为作者自摄）

系，突出了屋顶部分。屋顶由中部硬山顶与两端歇山顶组成，屋面有明显反曲，采用岭南常见的辘筒瓦形制。为与歇山顶更相呼应，硬山顶垂脊再挑出短戗脊，脊底与墙之间以转角三跳丁头栱，正脊、垂脊、戗脊脊端均以岭南常见的"夔"纹收尾（图5-2-1b）。整个建筑没有超越古典建筑的基本题型，保持着整套传统造型要素和装饰细部。

5.2.1.2　纪念碑

纪念碑是近代以来受西方文化影响而产生的、辛亥革命之后开始较多使用的一种礼制建筑类型。中国传统文化中用以记事立传颂德的普遍方式为碑碣，自秦始皇刻石纪功后，立碑树碣风气大开，但用以表彰功勋、科第、德政以及忠孝节义等的最高荣誉象征的建筑则是牌坊、亭等类型。近代以来，西方文化以前所未有的烈度强行渗透到中国文化中，高耸的方尖碑以其集中式纪念性特征成为纪念碑造型的首选。方尖碑起源于古埃及，一般成对安放在太阳神庙入口两侧，由整块花岗岩凿刻而成，其形制为方柱状、自下而上逐渐缩小、顶端为金字塔状，四面镌刻铭文，是兼具宗教性和纪念性的标志建筑。方尖碑在中国的盛行不仅是外来建筑形式在新时代所具有的时代象征性，也因其挺拔形体相较传统碑、坊更能象征被纪念对象的崇高与伟大。同时，四面相同的形体适合于公共空间多角度的瞻仰，而光滑平整的碑体表面无疑可以展现传统碑刻书法书写特征[1]。惠州现存多座方尖碑形式的纪念碑，如黄埔军官学校东征阵亡烈士纪念碑（图5-2-2a）、惠阳区叶辅平烈士纪念碑（图5-2-2b）等。

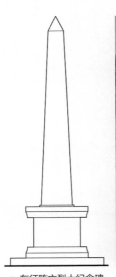

a 东征阵亡烈士纪念碑　　　　b 惠阳叶辅平烈士纪念碑　　　　　　c 中山公园廖仲恺先生之碑

图5-2-2　惠州不同时代纪念碑
（图片来源：a、c为作者自绘；b为作者自摄）

---

① 赖德霖. 民国礼制建筑与中山纪念[M]. 北京：中国建筑工业出版社，2012：65.

黄埔军官学校东征阵亡烈士纪念碑是惠州方尖碑的代表作品。东征阵亡烈士纪念碑始建于1931年5月，为抚恤、褒扬1925年10月在第二次东征中壮烈牺牲的200余名官兵，择址在东征军攻克惠州城的主要战场五眼桥附近。现存纪念碑为1992年"按原样稍加放大重建"[①]，构图由下至上可分四段，下部为方形碑台，中部为须弥座式碑座，上部为自下而上逐渐缩小的方柱状碑身，顶部为金字塔形碑首。现存碑通高约9米，碑台边宽3米，碑座宽2米、高1.7米，碑身底边宽1米。碑身"黄埔军官学校东征阵亡烈士纪念碑"等字由黄埔军官学校教育长林振雄题写，碑座正面"精神不朽"四字由黄埔军校校长蒋中正手书，背面是林振雄题写的"气壮西湖"四字，东、西面镌刻烈士芳名。整体而言，方尖碑造型简洁，碑体除铭文外无任何装饰。

除方尖碑造型外，纪念碑还有座钟等形式，比如廖仲恺纪念碑。廖仲恺是中国近代著名的民主革命活动家、伟大的爱国主义者、中国国民党左派领袖、中国民主主义革命的先驱，于1925年8月20日被杀害，国民政府为纪念其功绩、表彰其革命精神，同年11月6日，分别在惠州第一公园（今中山公园）和其家乡惠州陈江鸭仔步村（今仲恺区陈江街道幸福村）建立"廖仲恺先生之碑"。中山公园现存的廖仲恺纪念碑为1986年重建（图5-2-2c），此处以其家乡的纪念碑作分析。

惠州陈江廖仲恺纪念碑（图5-2-3），坐北朝南，碑体宽3.38米、高3.57米、厚1.82米，立面略成正方形，截面呈长方形，碑体外八个望柱组成八边形，为迁就碑体的长方形，而呈现东西长7.0米、南北长5.5米的不规整八边形。碑体分为三段，自下而上为碑座、碑身、碑首：碑座与中国传统须弥座式样不同，没有束腰，更似西方敦厚、坚实的基座；碑身中间是由当时任国民政府委员会主席汪兆铭撰文的两块碑刻，两侧为立柱；碑首为三角形山花形式，山花中间塑国民党"青天白日"党徽，以此庄重表达国民党对于廖仲恺功绩的认可。

整座纪念碑的装饰带有苏俄风格。碑身两侧立柱顶部以镰刀和锤子为装饰，立柱柱

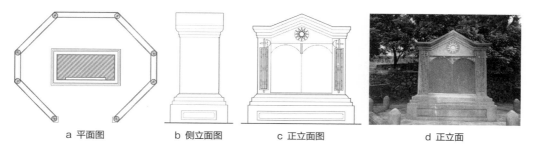

| a 平面图 | b 侧立面图 | c 正立面图 | d 正立面 |

图5-2-3 陈江廖仲恺纪念碑
（图片来源：a、b、c为作者自绘；d为作者自摄）

① 惠州市博物馆. 惠州文物志[M]. 广州：岭南美术出版社，2009：183.

身是较为抽象的绸带与麦穗造型，明显地借鉴苏联第一版国徽（1923年）元素：锤子象征工人阶级、镰刀象征农民阶级，两者合在一起即是工农联盟的标志，而绸带包裹着麦穗则表现了劳动人民大团结。在纪念碑上突出苏联风格反映了当时国民党与苏俄的密切关系，比如1923年孙中山与苏俄代表越飞形成《孙文越飞宣言》，1924年苏联军事顾问抵达广州，物资援助与武器装备同时源源不断运抵广州①。此外，纪念碑的整体外观造型较为明显地仿照古希腊建筑风格，比如碑首仿古希腊三角形山花、碑身立柱仿古希腊多立克柱式，这一风格的采纳也应是追随当时苏俄建筑思潮，正如苏俄本土在20世纪前20年，"复兴古希腊、古罗马和文艺复兴的'永恒'思想观点亦存在，在各地留下了大量的俄罗斯古典主义的建筑作品②"。

5.2.1.3 纪念亭

亭是我国传统建筑的主要类型之一，具有非常久远的营造历史，其词义与功能由起初的军事建筑转变为政治建筑，最终成为景观建筑。亭，早期修建于边防要塞高台之上，用以瞭望敌情、传报军情，属于军事建筑。说文解字对"亭"解释为"民所安定也，亭有楼，从高省，丁声"③。秦时期，亭不仅在边疆要塞依旧发挥亭障的军事作用，同时在城内作为行政机构，是维护地方治安的基层行政单位。汉代时，亭的设置更为普遍，有了门亭、驿亭、邮亭、市亭、路亭等多个种类，形成"十里一亭""十亭一乡"的概念，亭的功能除了军事瞭望、维护治安之外，还有邮驿功能，即负责递送公函、接待往来官员，反映出亭作为政治上管理百姓、维护治安的政治功能。魏晋南北朝时期，亭作为景点建筑开始出现在兴起的园林之中。隋唐时期，园林发展进入全盛期，亭建筑也大量兴建，成为重要的景观建筑，如大明宫内太液亭、辋川别业临湖亭等。宋朝，达到"有园皆有亭、有亭皆有园"的境况，并通过亭建筑景点来突出礼俗教化。明清时期，亭臻于完善，不仅造型灵活多样、平面形式丰富多变，而且更加注重亭址的选择以及意境的营造。

近现代时期，惠州亭建设活动较为丰富，且以惠州西湖和中山公园为甚。西湖和中山公园是惠州市民出游佳地，尤其在民国时期棣山变更为人民公园，府城和县城城墙拆除之后，西湖和中山公园就更为民众喜爱，因此用来纪念为社会、国家、民族作出贡献的人的亭建筑多建在这两处，已建成亭子在此期间也大多得到修缮。这些亭建筑既可为人们提供休憩，又可布置诗文题跋，表达对先贤的纪念，增强特有的人文气息。

---

① 费正清. 剑桥中华民国史：第二部[M]. 上海：上海人民出版社，1992：124-125.
② 张祖刚. 独特的建筑文化——介绍《20世纪世界建筑精品集锦》第七卷：俄罗斯——苏联——独联体[J]. 世界学报，2000（5）：62.
③ [汉]许慎. 说文解字[M]. [宋]徐铉，校定. 北京：中华书局，2013：105.

1. 留丹亭

留丹亭位于惠州西湖点翠洲上，为纪念1911年惠州"马安之役"牺牲烈士陈径等十余人而建。留丹亭最初建于民国二年（1913年），民国六年（1917年）改为阁，1927年更名中山亭，"民国二十四年（1935年）县令邓昙以前经理西湖局长钟鼎基存款二千元，增拨官款，交继任黎葛天筑成是亭，仍名留丹"[①]。1959年，"又改亭为阁，面积比原来扩大二分之一"[②]。

留丹亭具有鲜明的20世纪50年代"民族形式"的时代特征，突出强烈的纪念性。20世纪50年代，政治上的统一与强大激发了民众强烈的爱国主义热潮，以古代宫殿或庙宇为典范的"大屋顶"模式是民族形式在建筑上的探求。首先，留丹亭在平面上突出中轴对称。亭子坐北朝南，建筑占地面积380平方米，平面略呈"工"字形（图5-2-4a），轴线上为南北两个厅，南厅面阔小于北厅，主厅北厅采用附阶周匝形制，南亭以连廊连接次轴线的东、西两座翼亭。其次，建筑外观采用三段式构图（图5-2-4b），即屋顶、墙身和基座，屋顶敷设绿琉璃辘筒瓦，屋面虽为混凝土结构，但檐口依然有椽子作装饰，主厅屋顶为歇山与卷棚混合形制，两翼亭采用歇山顶形制；屋身黄色墙面、红色柱子，翼亭柱子与柱子之间采用传统横披、挂落。基座高1.5米，12级台阶。最后，以北厅正门匾联点题。木匾"留丹亭"三字为廖承志手书，两侧楹联"殿角生微凉，呼吸湖光饮山绿；天地有正气，留取丹心照汗青"，书写惠州湖光山色的清爽美好的同时表达胸怀家国的高尚情怀。

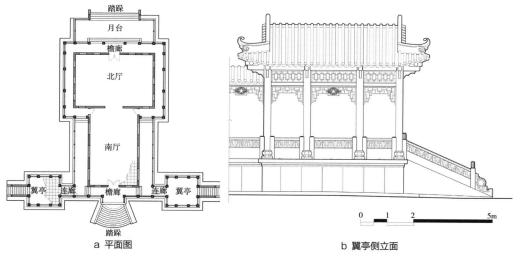

a 平面图　　　　　　　　　　　b 翼亭侧立面

图5-2-4 惠州西湖留丹亭
（图片来源：作者自绘）

---

① 张友仁. 惠州西湖志[M]. 广州：广东高等教育出版社，1989：129.
② 惠州市博物馆. 惠州文物志[M]. 广州：岭南美术出版社，2009：185.

2.仲元亭

仲元亭，位于西湖荔浦风清内，为纪念广东近代著名爱国主义者邓仲元而建。邓仲元（1885年—1922年）出生于梅县金盘堡（今梅州市梅县区丙村镇），七岁随父在惠阳淡水经商。1906年加入中国同盟会，1911年参加广州起义，1913年出任琼崖镇守使，1922年在广九车站被暗杀。孙中山以大总统名义下令追赠其为陆军上将，葬于黄花岗七十二烈士墓侧，并为其亲书墓碣。1930年惠州人梁保真请市长李务滋募款，在惠州荔浦建"纪邓山庄"，1937年，军长李扬敬特请当时国内著名建筑师刘既漂（梅县人）设计，筑"仲元亭"于纪邓山庄南面[①]。仲元亭于抗日战争期间遭受毁坏，1987年重建，2012年因莞惠城际铁路建设被拆除，2017年重修。仲元亭建于湖面上，以小桥与岸边相连，六角形基座，基座内中空，各面均有半月形洞口，半没于湖水之中，与水面倒影成圆形。亭为钢筋混凝土结构，六角攒尖形制，绿色琉璃瓦屋面，红色柱子内外两圈，共计12根。仲元亭以现代结构展现传统风貌，比例和谐、古朴雅静，气氛肃穆，令到亭拜谒者油然而生缅怀情思。

3.鼎臣亭

鼎臣亭位于惠州桉山，是徐氏族人为纪念其祖先徐铉（字鼎臣）于1934年所建墓碑亭。徐铉（公元916年—公元991年），字鼎臣，江西南昌人，宋太宗时，官散骑常侍。宋仁宗时，其孙获赠将军，任广东南路防御使，自此徐铉子孙定居于粤。北宋淳化二年（公元991年），徐铉卒，葬于南昌，南宋初年迁葬于惠州桉山，徐姓族人以"东海家声、桉山世泽"为门联点名家族迁徙历史。清末府署被焚废，徐铉灵穴亦复平毁，徐氏后人请求于桉山建立墓碑亭以为纪念。县长张远峰批曰："查该绅等祧祖徐铉鼎臣于五代乱极时，独与弟锴提倡文学，学者翕然宗仰，遂开北宋文学先河；而于《说文解字》尤为有功，据呈各情应予照准云云"。碑亭于1934年动工，越六月而建成，以徐铉字"鼎臣"名亭[②]。

鼎臣亭建筑形制迥异于传统攒尖式亭形制，拱券立柱、平屋顶、女儿墙等元素的运用使其具有鲜明的近代建筑特色。亭为二层砖木结构，六边形平面，高9米，首层层高4.9米，六边形内径长2.7米，大门向西南，墙内六组双柱，双柱与双柱之间以圆拱衔接，北、南墙体各开一扇窗。二层高3.35米，六边形内径边长为1.45米，面积6平方米，二层门朝向西北，北、南墙上仍各开一窗。二层外有一圈绕亭平座，宽0.75米，栏杆为瓷瓶形式。亭上、下两层立面构图以六个立面的券柱为主体，券与柱均为装饰作用，赋予立面强烈的韵律感与层次感（图5-2-5）。

---

① 惠州市博物馆. 惠州文物志[M]. 广州：岭南美术出版社，2009：187.

② 李礼正. 惠州徐姓对联及鼎臣亭[G]//惠城文史资料·第十七辑. 惠州：惠州市惠城区政协文史资料研究委员会，2001：349-352.

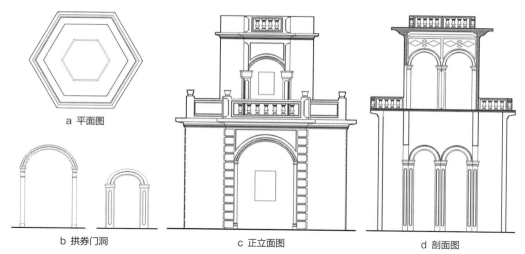

a 平面图

b 拱券门洞   c 正立面图   d 剖面图

图5-2-5　惠州桽山鼎臣亭
（图片来源：作者自绘）

5.2.1.4　新式墓葬

　　惠州在民国时期采取了相应的丧礼改革，从名人丧葬仪式可见一斑。陈炯明（1878年—1933年），字竞存，广东海丰人（清属惠州府），1933年在香港病逝，次年迁葬至惠州紫薇山。陈是中华民国时期广东的军政领袖，是中国近代史上的风云人物，也是历史上颇受争议的人物，其下葬时间、地点以及具体仪式的选择从一个侧面表达了主持者、民众、墓主的态度。第一，下葬时间。下葬之日定为1935年4月3日，农历三月初一，恰逢"广东禁赌纪念日"①，以此让人们缅怀陈炯明主政广东期间禁赌禁烟禁娼、修马路、建公园、改革教育、发展经济等善政。第二，下葬地点。安葬于紫薇山则是陈炯明流寓香港弥留之际对于故旧的叮嘱，这与陈炯明的惠州历程息息相关，他在惠州起义、在惠州发迹，与孙中山政见不一后把惠州当作据点与之抗衡、最终落败。位于西湖鳄湖畔的紫薇山腰的墓葬坐西向东，墓碑遥对东征军的炮台和碉堡，亦遥对当年指挥作战的百花洲司令部。第三，下葬仪式。葬礼由陈启辉为主祭，徐傅霖、马小进为陪祭，仪式依次为全体肃立、奏哀乐、就位、上香、献花、恭读祭文、行祭礼三鞠躬、主祭报告致祭意义、演讲等步骤，与传统丧礼呈现鲜明差异。

　　陈炯明墓葬既有传统的选址与格局，又在建筑造型上异于传统，成为惠州新式墓葬的代表（图5-2-6）。该墓葬遵循传统的因地制宜原则，依山筑墓，充分利用原来地形的特点，在紫薇山为西面顶端的东西中轴线上，自山而下，依次排列墓冢、碑亭、祭台等，构成前面开阔后有依靠、前亭后冢、顺应山势的格局，与惠州常见传统墓葬形制

---

① 段云章. 孙文与日本史事编年（增订本）[M]. 广州：广东人民出版社，2011：892.

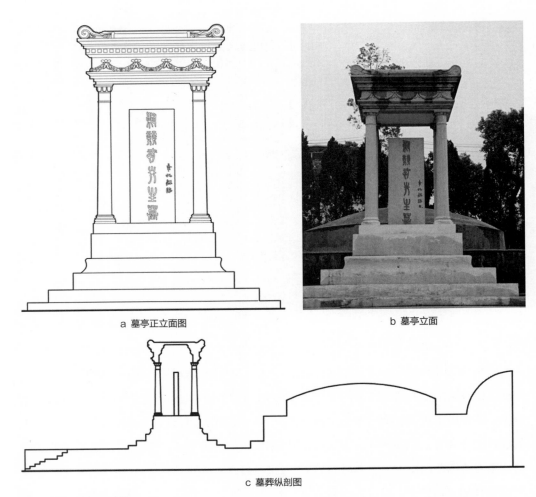

a 墓亭正立面图

b 墓亭立面

c 墓葬纵剖图

图5-2-6 陈炯明墓葬
（图片来源：a、c为作者自绘；b为作者自摄）

明显不同。墓冢为圆形，直径9米、高2米，高高隆起，钢筋水泥浇制，非常坚固，墓冢以半圆形山丘为依靠。墓冢前是一个宽21.9米、深15米的祭台，灰砂地面，低于墓冢地面1.6米。祭台右侧原建有3间瓦房作为守墓室，现已无存。碑亭无疑是此墓葬的核心所在，材质、造型均与传统迥异。碑亭呈方形，采用四柱平顶形制，钢筋混凝土结构，水洗石面层。亭高6.7米，由基座、亭身、亭顶三部分组成，基座六层，渐次缩减，底边长6.5米、宽5.6米，顶边2.9米、宽2.0米。亭身为四根下大上小的圆形柱子，底部直径0.35米、顶部直径0.28米，柱础不似岭南常见的方形基座，而是采用多层圆形不断缩减的基座，柱头也不似岭南常见样式，而是采用覆莲造型，整体而言更具古罗马塔斯干柱式。亭顶未采用传统攒尖形式，而是平屋顶形式，檐口浮出方块一圈，形似中国传统木构建筑之椽子，椽子下方有一圈麦穗纹饰组成"人"字造型，"人"字顶部以绶带装饰。亭内碑正面是章炳麟篆书题写的"陈竞存先生墓"，碑款是草书"章炳麟题"以及篆文印章"章炳麟印"。陈炯明墓葬附近还有其得力干将杨坤如（1884年—1936年）的墓葬。杨坤如墓原由墓冢和墓亭组成，现仅存墓亭，亭为钢筋混凝土四角攒尖亭。陈炯明墓葬通过高碑亭与大体量墓冢表达了对前清秀才出身的墓主人在新的政权下为广东民众谋福功绩的敬仰，并成功地将传统纯粹的祭祀功能让位于纪念功能，崇奉的主要内容转变为纪念者感受被纪念者精神上的鼓励与教诲。

5.2.2 商业建筑凸显城市贸易地位

5.2.2.1 近代商贸地位凸显成因

惠州是东江流域重要的交通枢纽和贸易中转站，近代以来，贸易地位凸显，经济得到快速发展。第一，清末签订的通商协议助推惠州经济发展。光绪二十八年（1902年）英国强迫清政府在上海签订《中英续议通商行船条约》，第八款第十二节规定："中国允愿下列各地开为通商口岸，与江宁、天津各条约所开之口岸无异，即：湖南之长沙、四川之万县、安徽之安庆、广东之惠州及江门。[①]"西风已吹到东江流域，外国煤油、布匹、药品、食物等经香港大量涌进惠州，粤东食盐、海产、粮油等也经由惠州销往各地，惠州商业日益繁荣壮大。第二，陈济棠主粤时期（1828年—1936年），重视和发挥知识分子的作用，积极引进国外的先进技术、设备和侨汇、侨资，为全省建设取得不少成就，军阀混战稍微停息，政局开始安定，市场逐步繁荣，各行生意畅旺，来往客商增多。[②]惠州的经济在这一阶段也得到较为稳定的发展。第三，抗战时期，1938年10月，侵华日军在大亚湾登陆，广东省政府迁往粤北韶关、粤西北连县（今连州），日军驻扎石龙，截断东江和广九铁路运输线，惠州成为东江流域重要的抗日交通运输线和物流中心。此间，惠州虽多次遭到日军轰炸，但服务业、手工制造业等很快恢复营业。第四，20世纪50至80年代，东江航运进入"黄金水道"的鼎盛时期，物资和游客通过东江往返广州、港澳、河源等地。这些不同时期的历史因素直接带动了惠州服务业、制造业、工业建筑的发展。

5.2.2.2 旅店业建筑

近代以来，东江河道繁忙的运输和穿梭的船舶，致使东江沿岸码头附近的旅店数量不断攀升，抗战时期达到畸形兴旺。张焕棠分析，惠州府县两城旅店大致分为三个等级：其一，大酒店，择址江畔或湖滨，江景秀丽。知名酒店如西湖大酒店（今惠州宾馆位置），1935年开业，股东为张友仁、周醒南、翟雨亭等惠州知名人士。其二，大旅店，如府城大东门（今中山东路）有同乐和、大成行、光粤大旅店等，择址府城中心，

---

① 王铁崖. 中外旧约章汇编·第二册[M]. 北京：三联书店，1982：107.
② 蒋祖缘，方志钦. 简明广东史[M]. 广州：广东人民出版社，1993：797.

交通便利，环境适宜。其三，客栈，房价最低，一般设在横街辟巷，配置简陋，房租便宜[①]。1938年，惠州第一次沦陷，遭日军轰炸，旅店受重创，大富之家将自住住宅改为旅店，如翟雨亭宅改"东湖旅店"、叶芝东宅改"大东旅店"、江仁杰宅改"大公旅店"、骆凤翔宅改"西城旅店"等。

　　在众多近现代旅店建筑中，惠阳淡水邓平旅馆旧址颇具代表性，建筑选址、建筑形制、建筑装饰等方面都反映了近现代惠州商业建筑的时代特征与文化精神。首先，邓平旅店选址于淡水河畔的淡水墟交通要道——水巷街。淡水河是东江二级支流，发源于梧桐山，由南向北汇入东江一级支流西枝江，是旧时龙岗、坑梓、坪山经淡水到惠州的重要水路交通。今淡水老城在清乾隆年间形成集镇"淡水墟"，清道光、咸丰年间筑城墙，并逐步具备行政、贸易、教育、防御等功能。惠阳是华侨之乡，海内外交流频繁，来往客商多。邓平旅馆择址在北面城墙附近，靠近淡水祖庙，在水巷街和祖庙街的交会处，水巷街是老城内住户到河里挑水出入的主要途径，因道路整日湿漉漉而得名，祖庙"淡水八景"之一。由此可见，邓平旅馆选址非常好，临近码头，上岸后即可休息，这条街除邓平旅馆之外，还有"招商旅馆""安泰旅馆"等旅店。其次，邓平旅馆建筑形制（图5-2-7）为坐北向南，高三层，面阔7.73米，进深12.57米，建筑占地面积约97平方

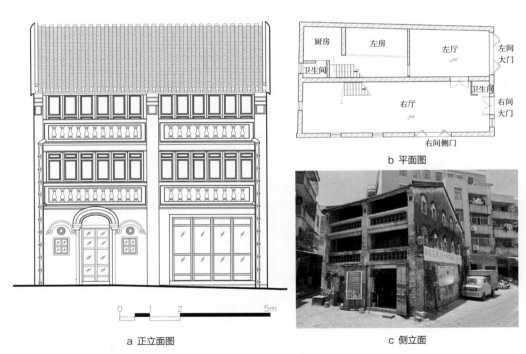

a 正立面图

b 平面图

c 侧立面

图5-2-7　惠阳淡水邓平旅馆
（图片来源：a、b为作者自绘；c为作者自摄）

① 张焕棠. 解放前惠州旅业[G]//惠城文史资料·第十四辑. 惠州：惠州市惠城区政协文史资料研究委员会，1998：145-149.

米，建筑面积约269平方米，为一栋砖木土结构单体。建筑屋顶为双坡蝴蝶瓦面、"猪嘴"形瓦头，是本地传统屋面做法，首层平面亦为本地常见的"明"字屋形式。在立面上，通过正立面二、三层阳台、北面三层局部露台的设置，增加了北望淡水河百舸争流、南看淡水城内繁华街市的景观。同时两侧山墙开设窗户，满足每个房间的采光需求。不论是阳台、露台、外墙窗户等都是近代建筑在不断适应人们对于采光、通风、景观等更高层次需求而采取的完善措施。再次，中西合璧的建筑装饰。建筑立面以门窗作为构图的主要因素，主导立面的变化，尤其是主入口采用近代典型"一门两窗"构图形式，强调主入口的中轴对称感，墙面采用传统建筑常用的青砖清水或夯土批灰墙面，配以西式拱形窗楣与门楣，窗楣、门楣突出的线脚采用本土常见的灰塑工艺塑造而成，出入阳台的木制屏门与西式绿琉璃瓶式栏杆等，反映出华侨之乡中外建筑装饰艺术的交流和融合。

5.2.2.3 餐饮业建筑

提及餐饮，张友仁先生曾描绘西湖边盛况，"清末，湖边水楼十数座，饮宴称盛。画舫游艇，均入画图。1912年后，竹楼绝迹。张天骥改红棉水榭为湖绮楼，供西式餐点，不久兵变而废。同时，创设电影、诗社，提灯、射虎，一时之盛，时或大放烟花。抗战中，则避敌机之人于下郭、竹园角临时架竹为茶室。紫薇山庄亦避敌机地之一，茶话尤伙。最近大西门外，黄昏灯上，小棹千家，为最廉价茶话，夕辄逾千人。[①]"反映出近现代时期，惠州城市餐饮业繁盛，仅西湖附近就有茶楼、菜艇、露天茶档、街边档口等高中低不同形式餐饮店。然而，大量房屋毁于抗日战争期间日军的四次践踏，能幸存下来的餐饮建筑不多，百年历史的珍合楼，为我们了解当时人们审美生活提供想象空间。

珍合楼位于惠阳淡水老城，创建者高斌起初经营珍合饼店，生意蒸蒸日上后建珍合楼，酒家之用，通面阔7.5米、通进深27米，高四层，首层为大厅，二层为茶楼与厨房，三层为宴席大厅，四层为旅舍。建筑整体而言为传统形制，双坡蝴蝶瓦屋面，木制瓦檩与楼檩，青砖墙面，外立面没有过多装饰（图5-2-8a），反映出惠州近现代早期茶楼相对朴实、风格传统。不过，珍合楼亦出现近代建筑特色，正立面黄色墙面、楼层地面的几何纹饰瓷砖等折射出新风尚正悄然影响大众审美情趣；内部为了获取更大商业空间，采用混凝土梁柱结构（图5-2-8b），门洞则用高且阔的拱券，显得气派，反映出近现代新结构对建筑的影响。

---

① 张友仁. 惠州西湖志[M]. 广州：广东高等教育出版社，1989：543.

a 正立面

b 混凝土梁与混凝土柱

图5-2-8　惠阳淡水珍合楼
（图片来源：作者自摄）

5.2.2.4　工业建筑

20世纪以来，现代意义的工业在惠州开始得到一定发展，比如1906年平海福惠玻璃公司成立，1917年惠东电灯公司成立、1933年惠阳军垦糖厂创建等。然而，能保存至今的工业建筑不多，其中仓库占较大比重，比如惠城东坡亭粮仓、惠城菜园墩盐仓、博罗园洲东江粮仓等。惠阳军垦糖厂的旧照片让我们得以了解糖厂建筑的形制与规模。

惠阳军垦糖厂是中国近代较为典型的大型糖厂（图5-2-9）。20世纪30年代，广东进行工业化运动，蔗糖厂和士敏土厂、化肥厂成为当时陈济棠主粤时期成功的企业，从1933年到1936年，广东共兴建市头、新造、惠阳、顺德、揭阳、东莞6间糖厂。惠阳军垦糖厂位于平潭墟，占地200余亩，从美国等国引进制糖设备，1934年投产，日榨蔗量高达1000吨，产糖100吨，为便于运输原料与产品，除借助已有的西枝江码头、惠平公路等交通外，还自建平潭到梁化、坪山窄轨铁路。糖厂建筑工程浩大，由若干建筑组群而成，两根高耸的烟囱成为建筑群构图的中心，建筑实体已无存，高、宽等具体数据不得而知，但老照片呈现建筑宏观体积的比例合适，秩序井然的首层立柱与高窗，折射出

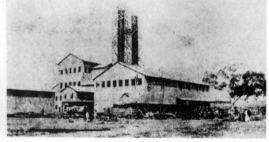

图5-2-9　惠阳军垦糖厂
（图片来源：徐志达. 惠州近代历史图录[M]. 广州：广东人民出版社：127.）

工业建筑的严谨。首层的开敞，靠近檐口位置的窗洞，能够形成良好的采光与通风，保障机械设备的散热以及室内工人有充足光线与正常呼吸，体现工业建筑的人本关怀。

5.2.3　学校建筑彰显教育体制转型

5.2.3.1　新教育体制及现存近代学校建筑

近代中国，政治、经济、文化等环境急剧变化，教育体制也随之发生重大变革。随着新式学堂的推广、科举制度的废除，近现代教育体系不断完善，惠州近现代文化教育亦随之逐步丰富，不仅有幼儿、小学、中学等不同年龄阶段的常规学校教育，也有惠阳国医养成所、惠州府蚕业学堂、惠州工读学校、惠阳县立民众教育馆等成人教育形式。但世事变迁，能留存至今的惠州近现代文化教育建筑数量有限，惠城区桥西街道榉山中学旧址、惠阳区三栋镇鹿颈村鹿岗学校、惠阳区三栋镇坝山口养志小学、惠阳区秋长茶园村松乔学校旧址、惠阳区永湖镇淡塘村新民学校旧址、惠东县稔山镇范和中心学校、惠东县白花镇夏竹园村蓉镜小学、惠东县多祝镇惠阳第五中学旧址等是具有鲜明时代特色的学校建筑，本节内容从其中窥探惠州崇文重教的文化精神以及紧跟大势变革的时代精神。

惠州现存新式学校建筑的建造年代较为集中在20世纪20、30年代。榉山中学由杨寿昌筹办，建于1929年；蓉镜小学由陈延辉扩建，完成于1928年；鹿岗学校由本村邓镜人父子扩建，落成于1929年；养志小学由本村乡绅曾培侯创立于1929年；新民学校由本村华侨捐建于1930年；范和中心学校由时任乡长郑水来募捐，建成于1931年；惠阳第五中学则建于1942年，本是榉山中学为避战乱在该年迁至多祝所建，当时校名仍为"榉山中学"，直至1950年易名为"惠阳第五中学"。学校建筑集中兴建于20世纪20、30年代，反映出1925年国民革命政府统一广东后，惠州社会较为安定的状况，以及陈济棠主粤时期（1928年—1936年），惠州经济形势较为稳定，教育事业发展得到保障。

5.2.3.2　近代学校建筑的洋化立面

惠州现存新式学校建筑的正立面多为洋化风格，大致可以分为三种常见形式（图5-2-10）。第一，以连续窗洞作为立面主要造型元素。榉山中学以连续砖砌拱券窗洞塑造丰富立面，养志小学与新民学校以方形窗洞、半月形窗楣形成具有节奏感的虚实变化。第二，以砖砌半圆拱券形成的外廊作为立面重要造型特征。范和中心小学学校上下两层每层11个连续拱券、蓉镜小学五个高大的拱券连排展开，贯通整层高度，适应惠州亚热带气候特征。前两类除用窗洞、券洞造型之外，亦极重视山花作为立面要素的重要地位，正中间山花在造型上与两侧不同，在高度上高于两侧，形成纵向三段式构图，突出中间；

a 养志小学旧址

b 新民学校旧址

c 范和中心学校旧址

d 蓉镜小学旧址

e 惠阳第五中学旧址

图5-2-10 新教育体制下的新式学校建筑
（图片来源：a、b为作者自摄；c、d引自《惠州市不可移动文物名录3》第152、153页；e引自网络）

学校建筑多为二层，立面上以材质、线脚、栏杆等方式清晰划分，山花的设置亦使得建筑立面形成横向的三段式构图。三段式构图使得建筑立面更具有视觉冲击力，形式上庄重而典雅，表达出学校建筑应塑造与传达的品格。第三，立面虽然没有拱券、山花等鲜明西式特征，但在构图上突出与传统建筑的区别。惠阳第五中学在建筑立面上沿用中国传统建筑台基、屋身、屋顶三段式构图，但中间采用凸出塔楼式门厅、立面整体以柱子为构图要素，均为西方建筑文化影响所致。无论何种形式，学校建筑的洋化立面凸显当时学校建筑的"新"，传达出破旧立新的教育体制改革决心。

5.2.3.3 典型案例分析

鹿岗学校是惠州近现代学校创办的缩影，极具代表性。该校寄托了中国农工民主党创始人邓演达（1895年—1931年）及其家族热爱桑梓、重视教育的情怀。清光绪二十六年（1900年），邓演达祖父邓晓相创办"鹿岗书室"，方便本村孩童接受教育，邓演达曾就读于此。邓演达父亲邓镜人（1865年—1936年），清光绪年间秀才，游历东洋，思想开明，曾任教挺秀书院、崇雅书院，回乡后创办"鹿岗学校"，并亲任首任校长。邓镜人在学校立面中心最高处题写校联"培植资时雨，英雄起草茅"，寄望用新学的时雨培育时代的英雄，这所学校培养和造就众多人才，代表人物如抗日战争时期炮兵团长范兆元、营长邓增秀、南京某舰舰长邓运秋等，解放战争时期东江纵队第七支队沿江大队邓治平等。1986年为纪念邓演达先生，校名更改为"演达学校"。

演达学校是座中西合璧风格的建筑（图5-2-11）。建筑立面有着较鲜明的新古典主义风格，立面采用三段式构图手法，以塔楼为中心，讲究对称。主入口门厅用大大的半圆形拱券统率整座建筑，形成立面构图中心。另外立面也很讲究比例关系，中间塔楼高10.1米，建筑通面阔20.2米，正立面高宽比为1:2；青砖墙体部分，左右两侧青砖墙高4.1米，中间塔楼青砖墙体高6.8米，两者高度比为0.6:1；建筑屋面高6.0米，中间塔楼高10.1，两者高度比约0.6:1；窗户由长方形窗洞与半月形窗楣组成，宽0.95米，高

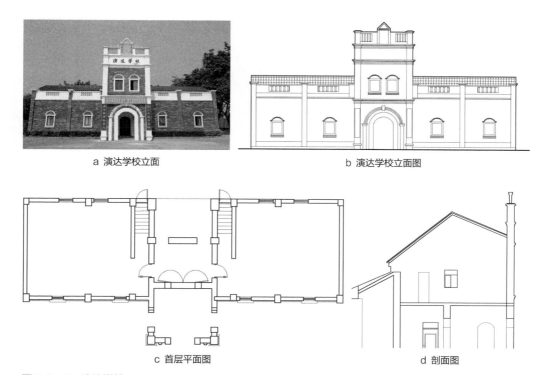

a 演达学校立面　　　　　　　　　　　　　b 演达学校立面图

c 首层平面图　　　　　　　　　　　　　d 剖面图

图5-2-11 演达学校
（图片来源：a为作者自摄；b、c、d为作者自绘）

1.6米，宽高比也约等于0.6：1。整个立面强调整体与局部、局部与局部之间的比例关系，形成端庄、稳定、统一的美。建筑的平面构图亦颇为讲究，平面不包括门厅呈长方形，通面阔20.2米，进深6.7米，面阔与进深之比接近3：1，两个教室呈正方形，中间正方形为过道与楼梯。建筑对于构图的讲究、比例的追求，应与创办者在国外游历所见西式建筑有关，而建筑仍然采用双坡辘筒青瓦屋面、青砖墙面等鲜明的本土地域特征做法，反映出创办者"西学为用、中学为体"的思想，表达当时有识之士兴办学校时育人才、开民智、为中国图强自存的努力。

5.3 惠州近代建筑人文精神的传承发展

人文艺术品格是形成建筑风格的重要因素之一。可以说，世俗享乐的审美情趣、尝试开放的文化心理、革故鼎新的文化追求是揭示近现代时期惠州建筑类型丰富、建筑装饰大方但不大胆的深层文化内涵的钥匙。

5.3.1 享受生活的审美情趣

近代以来，惠州交通枢纽、经济贸易地位的提高，使得现实主义、从善如流的价值观深植于社会文化，体现在日常生活中是借助多样的建筑载体，与时俱进地增加当时需要的热门行当，产生新的服务行业，从而从各个层面发现生活之美，创造生活之趣，享受生活之乐。

游艇。游艇业是19世纪末20世纪初惠州的特色行业，主要流行于西湖。当时，百花洲、红棉水榭等均是西湖中的小岛，没有桥梁连接，只能划着游艇才能更好地欣赏美景，游艇业于是应运而生。根据蓝天照[1]分析，游艇分为大、中、小三种。大艇，亦称花艇或画舫，雕梁画栋、做工精细，可容二三十人。内有厨房、厅室，可以摆酒宴乐、娱宾遣兴、游湖赏月。中艇，规模与装潢次于大艇，可容纳10人左右。艇中间放置茶几、八仙桌，摆放些糖果、点心、茗茶。小艇数量最多，百余条，能容纳五六人，可支起布篷遮阳或挡雨。

剧院[2]。民国初期，惠州各地举办庙会打醮演戏，戏班多来自广州、佛山粤剧，惠州城内华光庙、关帝庙、包公庙、城隍庙、元妙观是重要的赏戏场所。粤剧于民国初年开始流传惠州，1938年，惠州人梁桂平组办平东海、平东东、平东群3个粤剧戏班。"声华戏院"在惠州众多戏院中声名鹊起，常有广州、香港、澳门的粤剧名角来此演出，如

---

① 蓝天照. 民国时期西湖的游艇业[G]//惠城文史资料 · 第十八辑. 惠州：惠城区政协文史资料研究委员会，2002：146-149.
② 惠州市地方志编纂委员会. 惠州市志[M]. 北京：中华书局，2002：3905-3906.

马师曾、红线女、曾三多、古耳风等名人，反映出粤剧在东江流域的兴盛场景①。此外，20世纪30年代初，惠州还出现一种专业性演出团体，又称"鼓手店"，以经营手托戏（木偶戏）演出、粤曲弹唱为主。抗日战争期间成立的惠州军剧团、前进演剧队等演出抗日救亡剧目。

照相店②。惠州最早的照相店由惠阳陈江鸭仔埗人温卓卿开办，约1910年开业于府城万石坊（今中山南路51号），为东江流域著名照相馆，上至河源、紫金，下至惠阳、博罗，无人不知。20世纪20年代，英国生产的船唛干片感光片的传入，加快影像业的发展，温卓卿照相店是惠州最大、最高级的，影楼三层，功能分区明确，首层200平方米，为冲洗工场及杂物堆放；二层与首层面积相同，为照相场地，由候影室、影楼、小花园三部分组成。候影室通花彩色玻璃屏风、酸枝木家具、墙壁名家字画等装饰装修，反映出惠州百姓对美的感知、对美的热爱，以及店家精准把握顾客心理、提升服务体验的营商手法。

电影院。传统粤剧是惠州传统社会常见娱乐方式之一，到20世纪30年代，电影播放业这一新兴行业丰富了市民生活。1941年，位于归善县城（今桥东街道）咸鱼街的明智电影院是惠州第一间电影院，场内可容纳200人左右，放映无声、黑白电影，放映时有人在屏幕前讲解，称为"解画"。戏院后来改为"一定好"茶楼，依旧放映无声电影，中山纪念堂也曾放映无声电影。1948年，新加坡、马来西亚、泰国等地归侨廖珠行、杨光、李璧仙、黄送等合股在淡水牛磅路兴办华侨戏院，不久易名光明戏院，观众座位达450个③。

5.3.2　尝试开放的社会心理

惠州是汉民族三大民系交汇之地，包容开放是其重要性格特征，惠州又是广东著名侨乡，"得风气之先、开风气之先"的侨乡文化主要特征，表现在近现代建筑上是鲜明的建筑立面洋化现象。另一方面，惠州处在宗族文化发达的汉民族民系交汇之地，恪守传统依然是惠州近现代建筑文化的核心。

5.3.2.1　洋化立面的开放特征

洋化建筑样式是指受到外来建筑文化影响而在建筑造型上混合式模仿，形成既区别于西方建筑明确风格流派又区别于中国传统建筑的创新混合样式。在惠州近现代建筑立

① 杨维俭. 惠州话旧[M]. 北京: 中国言实出版社, 2011: 190-191.
② 温寿昌. 惠州最早的照相店——记万石坊温卓卿照相店[G]//惠城文史资料第十六辑, 惠州: 惠州市惠城区政协文史资料研究委员会, 2001: 27-31.
③ 惠阳市地方志编纂委员会. 惠阳县志[M]. 广州: 广东人民出版社, 2003: 1398.

面造型上体现为外廊样式、窗立面样式、拼贴立面样式等形式。

外廊样式建筑是带有外廊的建筑，为惠州近现代建筑中洋化立面最具代表性的样式。日本学者田代辉久认为外廊"属于殖民地特有的被称之为外廊式殖民地风格建筑样式，此种样式始于印度，经东南亚传到广州"[1]，外廊样式随着西方殖民势力在中国沿海和沿江开辟的租界中广泛使用，被称为"中国近代建筑的原点"[2]。惠州在民国时期迎来外廊样式建筑的建设高潮，在骑楼、学校、民居等建筑类型中广泛使用。外廊在惠州一度得以盛行的原因之一在于其遮阳与通风功能，宽阔的廊道如同大的遮阳构件，廊道的宽度是遮阳出挑深度，阻挡太阳辐射直接进入室内，外廊这种灰空间适合于亚热带湿、热气候特点。惠州外廊样式基本为单边形式，即只有一个建筑立面采用外廊样式，分为拱券形和无拱券形两种常见形式。拱券形立面以连续的拱券作为立面表现主题。惠城区上塘街43号（图5-3-1a）是传统砖石木结构，立面砖砌半圆形拱券、廊道为木结构，拱券表面抹灰，作三四层线脚，增强拱券部位的表现效果。刘秉纲曾任惠阳县县长，相较而言，见多识广，1939年前后修建自住住宅时，选择使用新结构，比如砖墙—钢筋混凝土屋面结构；采用新的建筑形制，屋面为平屋顶形式；使用新的立面造型，视觉冲力强的拱券形式（图5-3-1b），钢筋混凝土圆柱衔接砖砌拱券。无拱券形则是外廊部分

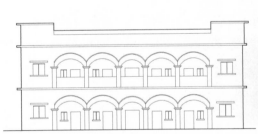

a 惠城上塘街43号

b 惠城水口刘秉纲宅

c 水口林瑞山宅

d 惠阳秋长黄伯才故居

图5-3-1 外廊样式
（图片来源：a为作者自绘；b引自网络；c、d为作者自摄）

① [日]田代辉久. 广州十三夷馆研究[M]//中国近代建筑总览·广州篇. 北京：中国建筑工业出版社，1992：17.
② [日]藤森照信. 外廊样式——中国建筑的原点[J]. 张复合，译. 建筑学报，1993（5）：38.

不采用拱券形式，柱子成为立面构图的主要因素。林瑞山，年轻时被"卖猪仔"到马来西亚，开矿发达后返乡建宅，采用无拱券外廊样式，柱子为青砖砌筑，楼檩、楼板为木质，砖柱与砖柱之间的梁与栏杆均为钢筋混凝土，梁仿木，两端底部仿木雀替做法进行装饰（图5-3-1c）。黄伯才，马来西亚著名华侨领袖、爱国华侨，1939年出资组织东江华侨回乡团回国抗战，并停下正在兴建的围屋，将财力用于抗战，因此位于惠阳秋长的黄伯才故居是座尚未完工的建筑。建筑采用平屋顶形制，外廊的屋面、楼板、柱子、梁等均为钢筋混凝土材质，柱子采用通柱做法，从地面直抵屋面，成为立面醒目的构图控制元素（图5-3-1d）。

窗立面样式指窗成为立面构图的活跃要素，主导立面变化。惠州传统建筑中，外墙一般不开窗。近现代以来，随着对舒适、健康生活的追求，满足通风、采光需求的窗户成为建筑细部设计的一个变革，建筑外墙开始开设窗户，并形成建筑立面上鲜明的美学特征。首先，窗户有秩序的排列，获得水平方向的均衡与垂直方向的稳定，立面效果完整、统一（图5-3-2a）。其次，窗楣、窗框等按照一定规律反复连续排列，形成良好的节奏感和韵律感，视觉上给人以活力观感。再次，巧用对比产生美感。惠州近现代窗常见的窗楣为半圆形，弧线窗楣的活泼与方形窗框的稳重形成曲直的对比；在色彩上，窗框、窗楣多用醒目的白色、红色、黄色等颜色，与青砖墙面、抹灰墙面形成对比（图5-3-2b~图5-3-2d）；此外，一层窗户和二层窗户通常略有差别，形成微对比，比如惠阳秋长象山中学首层窗户的窗楣与窗框合成一个整体，而二层窗楣与窗框分开，窗楣弧线两端以花饰结尾，整体中有对比，庄重中不失活泼。

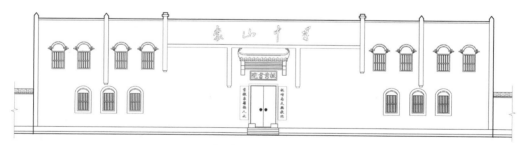

a 惠阳秋长象山中学立面窗户

b 惠阳秋长上围子围屋窗楣

c 惠城汝湖仍中民居窗楣

d 惠城中山北路69号民居窗楣

图5-3-2 窗视角立面
（图片来源：作者自绘、自摄）

拼贴式立面，即对各类异质文化符号的拼贴使用，在山花、檐墙等显眼的立面表现尤为突出，常见形式如下：第一，仿古希腊山花形式。府城文兴街趣园在侧面山墙垂脊顶与两脊端之间的三角区作仿古希腊山花形式，垂脊脊尾立一根砖砌抹灰方柱，脊顶却是中国传统如意纹饰，甚是有趣（图5-3-3a）。第二，仿罗马券廊形式。简化的罗马柱式、连续的巨石形拱廊、弧形变化的墙体，既是力量的象征，又使庞大的建筑体量显得开朗明快。归善县城水东街156号，尽管面阔仅6.4米，但在二层立面采用五个连续拱券作为五个窗扇的楣子，再用一个扁圆拱将五个半月形窗楣连成一个整体，女儿墙用方柱分为三开间样式，典型的拼贴样式立面（图5-3-3b）。第三，仿哥特窗形式。哥特式建筑尖拱窗比圆拱更具有向上的方向感，更带有基督教语义。县城黄家塘教堂立面上没有垂直挺拔的束柱、直指云霄的高塔等哥特式教堂的特征，但窗户采用尖拱窗楣形式表达建筑的宗教含义。第四，仿巴洛克女儿墙形式。中间耸起，然后以优美的波形向两边降低。府城金带街44号民居立面女儿墙采用四柱三间形式，柱间以砖砌筑，心间耸起向此间呈波形降低。第五，仿南洋女儿墙形式。南洋地区独特的创造形式——在女儿墙上开

a 文兴街23号山墙

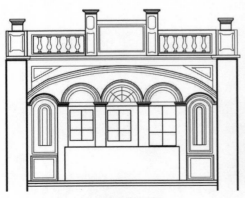

b 水东东路156号

c 水东东路158号

图5-3-3 拼贴式立面
（图片来源：a、c为作者自摄；b为作者自绘）

出一个或多个圆形或其他形状的洞口，以减少台风对建筑物的风荷作用[1]，如县城水东街158号女儿墙两柱相夹扁圆拱，拱间作扇形开口（图5-3-3c）。

5.3.2.2　恪守传统的建筑核心

诚如前文所述，惠州近现代建筑呈现明显的包容、开放的一面。惠州是广东重要侨乡，近现代进程中华侨起着重要作用，所以惠州的开放是主动的开放，主动接纳和学习外来文化，体现出华侨文化恋祖爱乡、实业兴国的特征，表达华侨希望民族独立自强的开放心态。在建筑上表现为：建筑材料，开始使用钢铁、混凝土等新材料；建筑结构上，使用砖墙—钢筋混凝土楼面结构等新结构形式；立面造型采用大量的拱券、立柱等西方建筑元素；建筑色彩，突破封建等级禁锢，使用黄、蓝、绿等鲜艳色彩；建筑舒适度如采光、通风等改良上，开始在外墙开窗，且排列有序、节奏感强；景观设计，开始使用阳台、屋顶平台等手法，扩大公共活动区域，丰富景观视野。

然而，惠州近现代建筑的开放只是一种"尝试性开放"，浅层次的开放，并没有大范围、深层次地改变建筑结构、居住方式、审美情趣等。惠州极少完整意义上的西式风格建筑，外来建筑文化元素主要为局部的、拼贴式的使用。拼贴式体现在同一片区中，则是传统建筑风格与中西合璧式建筑共生共荣、相映成趣，比如水东街骑楼，既有传统木窗立面，也有西式立面。拼贴式体现在同一栋建筑中，则是传统建筑特色为主、西式风格为点缀，比如建筑基本保持传统板瓦屋面、青砖或生土墙体、硬山搁檩结构形式，少数抬梁与穿斗结合的梁架形式，建筑平面布局、常见的比例尺度等基本如故；外来元素体现在局部的拱券结构、少量的钢筋混凝土楼板与梁柱、部分的山花造型、构件的色彩点缀等。以愚庐为例。愚庐位于惠城区横沥镇蔗埔村，为国民党中将张守愚建于1934年。愚庐西式风格突出体现在建筑心间立面（图5-3-4a）。建筑构图上，突出中心；建筑形式上采取类似塔楼的造型，心间部分向外凸出，一层为门廊、二层为阳台；建筑造型上，两组不同的拱券统一中又有对比，门廊砖柱之间为四柱三间的半圆形拱券，红色水磨石圆形柱支撑，阳台为二柱一间平顶拱券，白色水磨石圆形柱支撑；建筑色彩上，白色的拱券、红色的柱子、绿色的栏杆，鲜艳醒目；建筑结构上，塔楼砖墙承重，屋面为钢筋混凝土面板。但是，整体而言，愚庐内核是传统的，平面形制为中轴对称，中间门廊、厅堂与天井为公共活动空间，次间为卧房；建筑结构为硬山搁檩形制；墙体首层为生土墙、白灰罩面，二层为青砖砌筑；大门为传统趟栊门形制。

尝试性的开放说明惠州近代化进程是小心的、谨慎的。面对中外建筑文化交流碰撞，尚处于艰难的理性抉择阶段，尚未达到实质性的融会创新，更多地表现为在沿袭传

---

[1]　杨宏烈. 岭南骑楼建筑的文化复兴[M]. 北京：中国建筑工业出版社，2010：52.

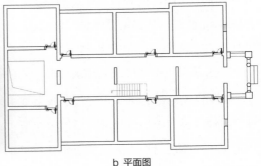

a 立面图　　　　　　　　　　　　　b 平面图

图5-3-4　惠城蔗埔村愚庐
（图片来源：a为作者自摄；b为作者自绘）

统建筑文化之时试探性地借鉴外国建筑符号和建筑技术。其中的原因既有客观方面的，惠州虽然有外国传教士传教、南洋华侨回乡建设，但远没租借地的影响那么直接与深远。也有主观原因，惠州是多元文化交织碰撞之地，在包容他人的同时也培养了谨言慎行、与人为善的为人处世作风。

5.3.3　革故鼎新的文化追求

5.3.3.1　建筑色彩突破传统礼制束缚

建筑色彩是建筑形象表达中最具视觉冲击力的，尤其在近代以来建筑色彩突破传统礼制的束缚，呈现鲜艳亮丽、丰富多变的色彩构成，反映出建筑流变中技术发展、人文思想、审美情趣等的演变。

1．建筑部位色彩构成

近现代时期，惠州依然普遍采用坡屋顶形式，平屋顶建筑实例不多。屋顶是建筑色彩主要构成要素。惠州传统建筑中常用青板瓦屋面，部分使用绿琉璃瓦当、滴水镶边做法。近现代这一传统依然保留，绿色琉璃瓦铺设整个屋面成为彰显时代特色的做法，如惠城区落霞榭、东湖旅店、惠东多祝镇陈国强母墓亭等民国时期兴建的建筑；少部分使用黄色琉璃瓦面，如1953年建造的惠东高潭革命根据地烈士纪念亭，歇山顶形制，黄琉璃瓦面，白色正脊、垂脊、戗脊，正脊塑一颗红色五角星、两只白色展翅和平鸽。

墙面是建筑外观形成面积最大部分，通常构成建筑的基本色。惠州近现代建筑墙面主要为砖砌墙面和抹灰墙面。砖砌墙面以青砖为主，部分采用红砖砌筑，比如惠城区中山纪念堂为清水红砖墙。传统抹灰墙面为白色，近现代抹灰墙面除白色外，常见为浅黄色。与黄琉璃瓦面的深重的、带橙色的黄不同，墙面多为浅浅的鹅黄色，如惠东县蓉镜小学、惠阳区养志小学、惠城黄家塘教堂、惠阳珍合楼等不同类型、不同区域建筑墙面，反映出浅黄色墙面运用范围广泛。部分抹灰墙面为红色，如惠城区落霞榭。落霞榭（图5-3-5）以红色为主色调，朱红色抹灰墙面、土红色水磨石台阶、褐红色门窗，辅以绿色琉璃瓦面、灰白色水洗石墙基，再用白色点缀，白色阳台、白色檐口仿木椽子与白色墙楣，整体色彩浓烈。

图5-3-5 惠州西湖落霞榭
（图片来源：作者自摄）

窗楣、墙楣、线脚等是建筑外立面重要点缀色。点缀色多与墙面色彩形成较大差异，凸显其亮丽、鲜艳色彩。杨坤如故居平面为传统客家围屋形制，外立面墙体为白灰罩面，但在角楼山花与墙楣部分，一改传统黑底白灰塑做法，采用色彩鲜艳的蓝色做底，墙楣施以黄色线脚、山花以红色草龙为装饰，山花部分以大三角形套小三角形，正中间双圆中刻画五角星，线条感突出。青砖墙体则多以白色、黄色作为点缀色，如演达学校立面窗户与女儿墙栏杆，白色窗框、白色线脚，惠城横沥镇愚庐清水青砖墙体，立面拱券以黄色为底，施以白色装饰纹如回文、波浪、卷草等，与厚重的墙体形成鲜明对比（图5-3-6）。

2. 建筑色彩影响因素

建筑思潮是影响建筑色彩的决定性因素之一。一方面，来自外部的西方建筑思潮以强势殖民输入方式影响中国建筑，"建筑色谱以建筑原色和中高明度、中低纯度的黄、

a 叶敏予故居角楼　　　　　　　b 演达学校窗户　　c 愚庐拱券线脚

图5-3-6 外立面点缀色
（图片来源：作者自摄）

红、绿等颜色为主"[1]；另一方面，20世纪20、30年代"中国固有形式"作为官方主流受到大力推广，以古代宫殿建筑为蓝本进行设计，色彩以红、绿等高纯度、强对比的庄重色彩为多见。

建筑技术是影响建筑色彩的直接因素。建筑技术对色彩的影响主要通过建筑材料和施工工艺，以近现代建筑中表现突出的靛蓝色为例。我国使用蓝草加工靛蓝色的历史悠久，主要使用在服装与皇家建筑中，"19世纪末20世纪初，由德国、英国生产的人工合成靛蓝进入国内时，因其价格昂贵，仅在少数大城市使用……民国时期，随着合成靛蓝大批量的生产，国产化质量的提高，价格下降，人工靛蓝越来越受到城乡染坊的青睐"[2]。于是，靛蓝被大胆地运用到建筑中，灰塑以白为底、蓝为主色调（图5-3-7a），产生纯洁、朴素之美；屋面木基层的椽子在传统社会为木本色或红色表示喜庆，近现代兴建或重修时大量采用蓝色油漆；梁底、檐板等雕刻也以靛蓝色为底色（图5-3-7b），表达出人们对于靛蓝色的喜好。

a 惠城杨坤如故居墙楣灰塑　　　　　　　　b 惠阳碧滟楼梁底木雕

图5-3-7　靛蓝色运用
（图片来源：作者自摄）

政策、法规等从政治层面推广了建筑色彩的使用。民国以前，色彩的使用有着严格的等级划分，然而，"'上可以兼下，下不得僭上'之封建礼法制度至清末已形同虚设，1912年民国政府颁布的《民国服制》条例废除了等级观念的服饰制度……政权的更迭使民国时期的服装用色突破了封建禁忌，自主选择服装色彩成为追求民主、平等的一种表达方式"[3]。此外，广州市"市色"的设立促进黄颜色在建筑中的运用。"1934年，时任市长的刘纪文郑重提议定黄色为市色，明确从象征色彩与民族关系的角度阐述理由……该提案经市第131次市政会议议决通过，黄色因此一度成为广州市的市色"[4]。广州作为省府城市，市色的确立对惠州建筑色彩的影响力之大可想而知。

① 公晓莺. 广府地区传统建筑色彩研究[D]. 广州：华南理工大学，2013：227.
② 吴元新. 蓝印花布的历史与未来[J]. 民艺，2022（1）：65.
③ 杨秋华. 社会文化学视域下的民国服饰色彩研究[J]. 服装学报，2022（6）：250.
④ 公晓莺. 广府地区传统建筑色彩研究[D]. 广州：华南理工大学，2013：233-234.

惠州开放包容的性格特征是惠州近现代建筑丰富色彩的内在动因。惠州是客家、广府、潮汕等多民系交汇之地，素有开放、包容之特性，从而能够在西方建筑文化的影响下、在革故鼎新的大潮流下，既继承传统建筑文化，又吸纳新的建筑文化，从而丰富自身的建筑色彩。

5.3.3.2 传统装饰手法的新发展

惠州传统建筑装饰艺术手法如木雕、灰塑、陶塑等，到近现代时期，以新的装饰方式呈现。

灰塑是以草筋灰、纸筋灰、贝壳灰等为主要材料，加入铁丝等骨架进行塑造的装饰手法，色彩艳丽，惠州传统建筑中广泛使用在屋脊、墙楣、山墙博风板、门楣等载体上，在近现代建筑中，灰塑在新的载体上呈现新的表达方式。惠州杨启明故居的灰塑工艺极具代表性。该屋建成于1948年，当时水泥已广为使用，因此在灰塑材料中也掺入水泥，以增强抗拉强度与耐风化能力；在载体上，别具一格地使用在顶棚上；在构图上，迥异于传统场景式与组团式构图，转变为极简现代风格。杨启明故居二楼客厅顶棚面为钢筋混凝土楼板，表面刷白灰，井字形钢筋混凝土梁将顶棚划分为六个格子（图5-3-8），中间为正方形、两侧为长方形，格子内为灰塑图案，以圆形、四瓣花图案为主；二楼阳台顶棚亦为钢筋混凝土楼板，前置钢筋混凝土梁檩，表面批白灰，灰塑图案为中间铜钱、两侧五瓣花造型。客厅与阳台的顶棚形成一幅简洁、大气的装饰图案，一气呵成。

图5-3-8 杨启明故居顶棚灰塑
（图片来源：作者自绘）

木雕是最常见的装饰手法，在惠州传统建筑中以梁底、柁墩、封檐板、隔扇等为载体，在近现代建筑中，除常规载体外，楼梯栏杆等是新的木雕载体。惠州近现代建筑中楼梯扶手栏杆有木质、石质、铁质、水磨石等，以及不同材质的组合，其中，木材使用的历史悠久、技术成熟、造价较低，因而得以大量应用，惠阳会新楼、惠城镇记号等保留较为完整的木制栏杆。栏杆形式上以立柱式为主，与传统木直棂栏杆相比较，这一阶段的栏杆线条更为复杂，多次束腰，做成竹节、宝瓶等形状，一杆之内，方圆对比，丰富线条的束腰与笔直的扶手形成曲直对比，装饰形式多样，既传承传统建筑风格，又承载西式建筑风格。

　　琉璃在惠州近现代建筑中有了新载体。在中国古代，建筑装饰是礼制精神的体现，琉璃的使用有着明确的规定，比如《明史》的《舆服志》记载了明初对府邸住宅的规定："（洪武）九年定亲王宫殿门庑及城门楼皆覆以青色琉璃瓦……庶民庐舍……不过三间五架；不许用斗栱饰彩色……"[①]，近代以来，政权的更迭促使色彩的使用突破传统的束缚，建筑材料的使用也开始突破封建礼制的约束，成为人们追求自由生活的表达。琉璃瓦不再只满足于屋面剪边的装饰作用，开始满铺屋面，还成为阳台、女儿墙等装饰构件（图5-3-9），颜色以绿色、蓝色等为常见，造型以宝瓶形式为多见。相较惠州传统建筑，阳台、通透式女儿墙主要为近代以后随着社会的开放而出现，表达主动开放的社会心理；宝瓶式栏杆则是传统直棂式栏杆的变体，直棂转变为瓶式，木质瓶式栏杆直径较小，用于室内，琉璃宝瓶式栏杆的宝瓶尺度大，色彩鲜艳，形象变化大，装饰性强。

a 惠城杨启明故居阳台蓝琉璃栏杆　　　　　　　　　b 惠阳会新楼女儿墙绿琉璃栏杆

图5-3-9　琉璃栏杆
（图片来源：作者自摄）

5.3.3.3　建筑题字的新文风

　　惠州近现代建筑的题名、题对点化不仅反映题写者的审美情趣，也反映出特定的时代精神。

　　近现代时期，繁忙的东江水运给惠州带来繁荣的商业发展，商业建筑的招牌取名极具行业特色，从其命名即可大致了解商店从事行业。比如德如楼、东坡楼、一景楼、汉如楼、中华楼、太白楼等，多为茶楼招牌，因为当时茶楼建筑常见为二、三层楼，景观好、环境安静。大中行、中和行、公和行、祥泰行、永丰行等，则多为民国时期盛行的

① 《周礼》，转引自潘谷西. 中国建筑史[M]. 北京：中国建筑工业出版社，2015：232.

平码行商号。同寿堂、百元堂、广生堂、来安堂、济生堂、仁寿堂等，多为药材店堂号。福寿、祥福、永福、五福先、福寿全等，一般为长生（棺材）店店铺名称。全利、财利、发利、天利、吉利、德利、生利、永利、顺利、荣利、万利等，突出"利"，一方面取义五金业和铁器手工业所需之锋利，另一方面则取其大吉大利之美好愿望[①]。

　　惠州近代学校则不论是校名还是校联都寄托了创办者对于新式教育的期盼与寄翼。创办于1908年的惠州振坤女子小学堂，是受新时代思想洗礼的本土知识分子周醒南、廖计百、张友仁等呼吁兴办的女子学堂，"振坤"二字寓意鲜明，女子振兴，该校开创惠州女性近代教育先河。持平中学创办于1942年，时年战火纷飞，"持平"校名激励学生，在空前民族浩劫下更需勤勉、向上，为世界和平而努力学习；同时喝水不忘挖井人，铭记学校的创立者梁季平。养志小学创办于1929年，所在的惠城三栋镇坝山口村为曾姓，族人视曾子"一日三省"修身准则为家族传世好家风，在新式学校落成之际，以省身"养志"命名学校，让学生浸润在优秀传统文化中，怀揣远大抱负与崇高理想。惠阳区永湖镇新民学校，始建于1930年，老校门对联"新猷兴教育，民气起文风"，表达出当时已普遍认识到教育在社会发展中的重要作用，并期盼新时代、新学校、新文风引领民众新的精神面貌。

　　民居对联则更能表达内心的追求世界。惠城桥东街道张靖山庭园，建于1894年，惠州本土才子江逢辰曾为此题写"不深不浅湖水，半村半廓人家"大门对联，表达身处县城热闹桃子园，内心却如湖水不深、不浅、少涟漪的淡雅生活态度；"是园"房联"闲坐小窗读周易，自锄明月种梅花"表达生活的恬淡与高雅。惠阳秋长街道会新楼中轴线末端为祖厅，祖厅入口栏杆罩两侧的木板书写对联"堂构新成愿毓派椒多衍庆，奂轮著美乐培兰桂叠腾芳"，这副对联以及大门入口门额"会新楼"楼名，均为中山大学首任校长邹鲁题写，"堂构新成""奂轮著美"赞美新落成的会新楼建筑宏伟大气、美轮美奂，"派椒多衍庆""兰桂叠腾芳"祝福人丁兴旺、子孙发达，放在祖堂再合适不过。

① 廖伯腾，张焕棠. 惠州共商史[M]. 惠州：广东惠阳印刷厂，1997：161，164，170.

中华人民共和国成立以来，尤其是改革开放以来，惠州建筑发展逐渐形成新时代的文化地域性格，以本土特色鲜明的"绿色化现代山水城市"为建设目标，在城市建设、建筑、园林等方面突出山水城市情怀。时代精神上，惠州紧扣新时代城市规划思想，江北城市中心区采用空间叙事手法布局，城市双修理念下惠州城市文化文脉修补，乡村振兴理念下惠州蓬勃发展的民宿创作等新时代背景下惠州人的审美追求。人文品格上，惠州突出木鹅仙城的古老传说，通过隐喻、象征手法表达建筑审美意蕴；自古崇尚的"以文化人"在新时代以更多喜闻乐见的建筑载体进行着经典浸润。

第6章

惠州现代建筑审美文化的发展

6.1 "绿色化现代山水城市"的地域定位

6.1.1 临湖沿江向海山水格局逐步扩展

惠州是一座山水酝酿出来的城市，山环水绕、山青水绿，在当代的城市发展中，逐渐确立本土特色鲜明的"绿色化现代山水城市"建设目标。惠州有道教名山罗浮山山脉、北回归线上的绿洲——南昆山，还有莲花山、大南山、九龙峰等风景秀丽名山。不仅荟萃名山，而且江湖河海资源一应俱全：惠州母亲河东江与其支流西枝江、公庄水、增江等密布水脉滋养了世世代代惠州人；因地势低洼形成众多湖泊，如西湖、红花湖、白盆湖、白鹭湖、潼湖、金山湖、天堂湖等；惠州还是一座海岸线长280余公里的滨海城市，国家级海龟自然保护区是优良海洋生态的体现。"好山好水好空气"让惠州获得"国家森林城市""中国十佳绿色城市""国家级海洋生态文明建设示范区""全国文明城市"等多项与绿色化城市相关的殊荣。中国航天事业奠基人、两弹一星功臣钱学森在上世纪末倡导"社会主义中国应该建山水城市"[①]，把山水诗、山水画融合在城市里，并提出只有山水城市才能反映中国特色；我国著名风景园林学家、工程院院士孟兆祯亦旗帜鲜明地提出"把建设中国特色城市落实到山水城市"[②]的观点。基于惠州自身优良的自然山水环境以及自古形成的建筑山水情怀，2016年11月，惠州市第十一次中国共产党代表大会明确"努力把惠州建设成为绿色化现代山水城市"的奋斗目标，这是惠州不断追求天人合一的审美理想、努力实现"绿水青山"与"金山银山"互融共赢在当下的解读。

6.1.1.1 打造两江沿岸景观带

20世纪下半叶开始，惠州城市逐渐跨越西湖和东江的发展，转而向东江北岸拓展，江北片区成为惠州今天政治、经济中心所在地。在山水审美格局上表现为城市与东江、西枝江两江沿岸的互动。

新开河开通后桥东片区地位得以提升。桥东片区是明清时期归善县城城址所在地，又称东平半岛，三面环水，东江在北面从东向西而流，西枝江从东南向西北方向汇入东江，因此历史上常遭受洪涝灾害。1971年1月，惠州对西枝江这一段采取"裁弯取直"的改善措施，历时一年零三个月，次年5月竣工通航，"新开河"因此得名。桥东片区自此成为四面环水的岛，由于西枝江流入东江的河道口多增加一条，洪涝灾害亦自此大大减轻。经年发展，桥东片区渐渐成为惠城的重要交通枢纽，南连河南岸，北接江北，东

---

① 钱学森. 社会主义中国应该建山水城市[J]. 建筑学报，1993（06）：2.
② 孟兆祯. 把建设中国特色城市落实到山水城市[J]. 中国园林，2006（12）：42.

驳马安、水口，西通桥西，道路四通八达，城市地位因此提升。

《惠州市市区城市建设总体规划（1989—2005年）》于1988年惠州设地级市之后编制，提出城市跨越东江、中心北移到东江以北的江北新区，确定江北片区定位为市级行政、会展和文化中心：以江北南区的市政府、体育中心为核心，建设政府行政办公、会展和文化等设施。江北现已成为连接东西、横贯南北的城市重要景观带，承载着回应历史、展示当下、昭示未来的强烈文化象征，反映出20世纪末期，惠州在追求经济发展的同时，依旧十分注重与自然山水相融共生的美好愿望。

《惠州市两江四岸概念规划》带动两江沿岸的发展。该规划指出，两江（东江、西枝江）四岸规划岸线总长约40400米，其中东江段从汝湖镇转弯处至东江水利枢纽工程，岸线长约27000米，西枝江段从四环路至东新桥，岸线长约10700米；新开河岸线长约2700米。两江四岸景观规划重在充分满足生态绿化和亲水观江的需要，适当布置公共活动场地，总体形成"一轴、两带、三段、四通廊、十四桥、十九公园"的结构：一轴指惠州市政府—东江南岸景观塔的城市主轴线；两带指东江南岸的历史文化长廊、东江北岸的景观带；三段指东江四桥（规划）以上和铁路桥以下岸段及白沙水闸上岸的自然段、市区中心江段的景观段、两江四岸沿江建设用地的经济段；十四桥指东新桥、水门桥、西枝江桥、新开河桥、东江大桥、惠州大桥、铁路大桥、第四东江大桥、下角东江大桥和规划的五座大桥，桥两头建绿地广场；十九公园包括铁路桥头公园及滨江绿地、惠博滨江公园、奥林匹克花园、梅湖滨江公园、文星塔公园、东江公园、北城门公园、中山纪念公园、苏东坡故居遗址、东江沙公园、新开河公园、望江滨江公园、沙下惨案纪念公园、下埔滨江公园、桥东滨江公园、东湖公园、曹师岭公园、江滩湿地公园、金山湖公园。其中，两带的规划将历史城区与现代化都市紧密且有机地衔接：东江南岸形成文星塔、北城门公园（东征革命烈士纪念碑、古城墙、五眼桥、北城门）、中山纪念公园（中山纪念堂、望野亭、野吏亭、七女湖纪念碑、周总理演讲纪念碑、太守东堂）、明清古城墙、阅江楼、文笔塔、合江楼、水东街、铁泸湖明清古街、苏东坡故居遗址（东坡古井、林婆卖酒、钓矶石等）、归善县学宫、嘉祐寺历史文化长廊。在东江北岸形成自然景点、惠博滨江公园、奥林匹克花园、木墩湖公园、东江公园、江北沿江公共建筑、望江滨江公园、江滩绿地、东江民俗文化村景观带。

6.1.1.2 形成沿江向海宏观格局

21世纪以来，惠州城市发展跨越两江沿岸，在山水审美格局上表现为城市跨入沿江向海发展。

《惠州市城市总体规划（2006—2020年）》依据惠州既有山水格局以及城市发展的历史脉络，确定"一城三组团、双核心结构"的空间结构，一城指惠州市，三组团包括惠城、惠阳–大亚湾和陈江–仲恺，其中惠城和惠阳–大亚湾为双核心。将临海的惠阳区、大亚湾经济技术开发区纳入城市规划区，城市规划区形成面积扩大到2672平方公里，标志着惠州从"临湖沿江城市"进入"沿江临海城市"发展阶段。自此，江北片区、金山湖片区、东江新城片区、惠南新城、惠州南站新城、大亚湾滨海新城等成为重点发展地区。

《惠州市国土空间总体规划（2020—2025年）（草案）》提出"依托'丰'字交通主框架，串联金山新城、潼湖生态智慧区、大亚湾石化区等重要功能节点，形成'丰脊拥湾，山海联动'的城市空间结构，推动惠州从临湖沿江集聚到向海向外开放"（图6-1-1），并提出构建"1+1+1"国土空间开发保护格局：生态保护区定位为"绿色花园"，约占惠州全域国土面积的44%，主体位于龙门、惠东和博罗三县；城市发展

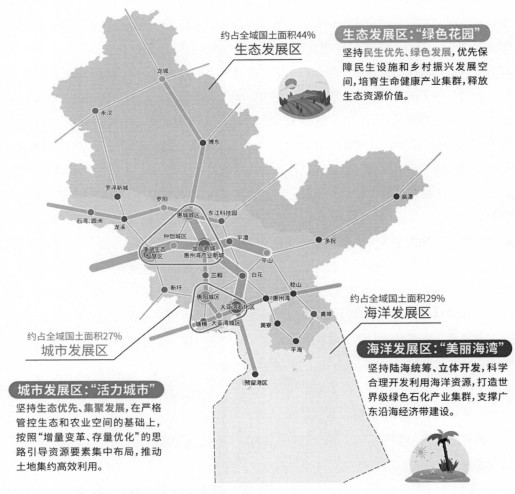

图6-1-1 "丰脊拥湾，山海联动"城市空间结构
（图片来源:《惠州市国土空间总体规划（2020—2025年）》）

区则定位为"活力城市"，占全域国土面积的27%，以惠城、仲恺、惠阳和大亚湾四个市区组团为主体。

6.1.2 现代建筑审美比德山水

"比德"是中国人悠久且重要的审美情怀。人们把伦理道德比附于自然景观、动植物、器物等客观事物上，将人的情怀投射到具体对象上，形成丰富的比德形式。早在《管子·小问》就出现比德之说，齐桓公春游时问"何物可比于君子之德乎？"管仲答："苗，始其少也，眴眴乎何其孺子也！至其壮也，庄庄乎何其士也！至其成也，由由乎兹偯，何其君子也！天下得之则安，不得则危，故命之曰禾。此其可比于君子之德矣。[①]"对话中，管仲将禾的不同生长历程比拟成人的不同阶段：年少时的柔顺小孩、壮年时的庄重士人、成熟时的和悦君子，并把禾对国家的重要性与君子之德相比，阐述君子应有仁义、谦逊之品质。古人通过自然物进行价值观照、自我反思，使人格情怀对象化、物化，使君子形象通过自然物或器物表征出来，使身心感官的愉悦上升为社会人伦之美，从而造就十分丰富的比德范畴：以玉比德、天地比德、山水比德、松竹梅"岁寒三友"、梅兰竹菊"四君子"等。在中国传统文化里，自然山水不再是纯粹的物质层面的外在山水，而是具有"仁""义""礼""智""信"等人的内在精神品质。山水比德最具典型代表应是众人皆知的"智者乐水，仁者乐山。智者动，仁者静。智者乐，仁者寿"之说。孔子没有明确比德学说，却开拓了山水道德审美的方向，"智者"之所以"乐水"，是因为水具有川流不息的"动"；"仁者"之所以"乐山"则是因为山具有岿然不动的"静"。

惠州名山秀水众多，山水景象千姿百态，山水比德设计创意多有呈现，出现不少优秀作品，或在造型上或在意境上或在环境上表达人们眼中惠州山水的人文品质。

6.1.2.1 山水比德的意境营造

意境是中国美学中引人注目的范畴。"所谓'意境'，实际上就是超越具体的、有限的物象、事件、场景，进入无限的时间和空间，即所谓'胸罗宇宙，思接千古'，从而对整个人生、历史、宇宙获得一种哲理性的感受和领悟。这种带有哲理性的人生感、历史感、宇宙感，就是'意境'的意蕴。[②]"意境的审美就是从有形到无形、有限到无限，获得的精神自由与愉悦。"建筑意境一般是通过建筑空间组合的环境气氛、规划布局的

① 李山. 管子[M]. 北京：中华书局，2016：293.
② 叶朗. 现代美学体系[M]. 北京：北京大学出版社，1999：132.

时空流线、细部处理的象征手法来表现的"[1]。龙门十字水生态度假村是山水比德中意境营造成功的惠州案例,是美国《国家地理》评出的"全球生态度假村TOP50"之一,也是国内唯一获此殊荣的度假村。以此为例分析当代惠州建筑意境美角度的山水比德。

首先,在环境气氛的营造上突出山水意境。十字水择址南昆山一处谷地,环境幽静。南昆山是国家森林公园,风景秀美,峰峦叠嶂,林木茂盛,主要保护对象为南亚热带常绿阔叶林和珍稀动植物,最突出特点是幽篁遍野,生长着华南地区少有的6万多亩连片的毛竹林;地处于北回归带内,气候湿润清凉,是天然的避暑胜地。十字水所在谷地为永汉河支流苏茅坪河、甘坑尾河两条溪水交汇处,度假村因此得名。两条溪水悠长迂回、缓缓流淌,度假村主要以甘坑尾河为界,河西岸地势较为平坦,为十字水一期工程主要建设点,建筑多沿河而建,别墅若隐若现,掩藏在绿丛中(图6-1-2);河东岸地势较为陡峭,为二期工程主要建设点,建筑依山层级而建,山中蒸腾的雾气让人"云深不知处"。走上"风雨长廊",体会竹制廊桥为我们遮蔽的自然界的斜风细雨或疾风骤雨,感悟人生旅途中或和风细雨,或凄风苦雨的不同境遇。观景塔位于两河交汇处,可以最佳角度欣赏苍翠山林、静听淙淙流水。这里没有大城市栉次鳞比的高楼大厦,没有喧嚣的热闹,没有夺目的灯火,但"仁者乐山、智者乐水",或选依山别墅登高,或择沿溪别墅小憩,山环水抱中,与自然亲密接触,天、地、人融合完美表达,意境倍增(图6-1-3)。

其次,在时空流线的设计上突出山水意境。十字水度假区内步移景异,如入空灵之境,陶然自得。从停车场到十字水服务中心需要跨过小河,主入口是一段古树参天的小道,踏上竹桥,流水声不绝于耳,走出廊桥,豁然开朗,眼前是服务中心和餐厅之间的小广场。城市与自然之间,不只是空间的变化,更是心境的转变。走过风雨长廊,溯溪而上,在潺潺流水、啾啾鸟鸣声、婆娑竹影中或闲庭信步、或垂钓溪边,体会"蝉噪林逾静,鸟鸣山更幽"的宁静之美,感悟"游者忘倦,寓者忘归"的时间凝固。十字水度假区还通过建筑命名来传达时间里的自然。一期项目的风雨长廊,由南至北设置以春、夏、秋、冬为主题的冥想亭,而亭边种植着相应季节开放的花树,二期依山别墅以"春芽""夏花""秋实""冬凝"为名,一个度假区内,遍赏一年四季、不同季节带给人们不同的体验,突出对自然的崇仰敬畏、对苍茫无限与人生轮回的时空意识。

再次,在建筑材质或建造技法等细部上突出山水意境。十字水所处南昆山盛产毛竹,度假村大量景观建筑以竹为主材建造而成,如甘坑尾河上单跨竹桥、两水交汇处观星塔、长200米风雨长廊、度假村内最高峰的观景塔以及竹韵餐厅等。其中,竹拱桥(图6-1-4)最具代表性,是度假村的标志之一,位于度假村的主入口,由哥伦比

---

① 唐孝祥. 岭南近代建筑文化与美学[M]. 北京: 中国建筑工业出版社, 2010: 95.

图6-1-2　龙门十字水茶室
（图片来源：作者自摄）

图6-1-3　龙门十字水客房入口
（图片来源：作者自摄）

图6-1-4　龙门十字水竹廊桥
（图片来源：作者自摄）

亚竹子建筑师西蒙·维列（Simon Velez）设计，桥墩为钢筋混凝土结构，桥体为竹结构，由直径12厘米的1400多根竹子交叠构造，节点用钢筋、螺栓、钢带加强，选用生长期4~5年的竹子并经过防虫、防腐、干燥处理，屋顶最大的双坡跨度和悬臂分别是6.6米和5米[①]，功能性与观赏性充分结合。夯土院墙也是营造山水相融的手法之一，十字水一期别墅带小天井，外围院墙使用夯土工艺，为防雨水冲刷，墙基使用鹅卵石砌筑，这是本土客家建筑常见的墙体砌筑方法。夯土工艺的土和竹建筑中的竹子均是可再生材料，它们源自南昆山、用于南昆山，若干年后如不再使用仍可回归南昆山，生命轮回的完美体现。十字水度假区内地势起伏不定，建筑普遍使用架空层，不仅是对当地潮湿气候的适应，减少湿气进入室内，也是对自然生态、原生地貌的一种保护，因为建造中仅

---

① 罗桂勤. 南昆山的新生村落——十字水生态度假村[J]. 建筑学报，2009（1）：36.

对基础部分与地面或水面接触的地方进行点状开挖，对原始地形、水流路径、动物爬行路径、主要植物等都得到很好的保护，亦是对山水意境的呼应。

此外，大面积落地窗满足游客对于天人合一的审美追求。十字水度假区大堂、餐厅、桥吧的外立面为大面积玻璃窗（图6-1-5），为满足能在更多时间段开启窗扇的需求，屋面采用大挑檐做法，遮蔽风雨、阻挡南国强烈的直射阳光。落地开启窗扇，给室内引入清新的自然风，凭窗而坐，人与自然零距离间隔，能以最佳角度欣赏苍翠山林，充分享受与自然相通感受。

图6-1-5　龙门十字水大堂外立面
（图片来源：作者自摄）

6.1.2.2　山水比德的环境营造

建筑与环境的融合、人与自然的和谐，是建筑环境观的重要内容。建筑环境的山水比德包括融合山形水势而取得和谐统一的宏观景观，也包括依据建筑布局、形体等的协调而取得的中观层面的建筑山水效果，还包括细部处理等微观层面的山水意蕴。

下面以惠州市金山湖体育馆、金山湖游泳跳水馆为例，就山水比德的环境营造加以分析。两座场馆因2010年第十三届广东省运动会而建，坐西向东，分别位于惠州学院正门北面和南面侧，均由广东省建筑设计研究院设计。体育馆总建筑面积约12000平方米，建筑高度25.48米，是羽毛球、乒乓球、篮球等的比赛场所，室内座位约3000个；跳水馆总建筑面积约24500平方米，建筑高度约29米，内部跳水池、比赛池、训练池一字排开，室内座位约2300个。其中，跳水馆获得2011年度全国优秀工程勘察设计行业建筑工程设计二等奖、第六届中国建筑学会建筑创作佳作奖等荣誉。两座场所在省运会结束之后由惠州学院管理使用。

1. 建筑立意融合山水意境

金山湖体育馆、游泳跳水馆两馆设计理念源自惠州独特山水环境。如前文所述，惠州是一个自然条件优越的山水城市，两场馆远有罗浮山、南昆山等名山，近则倚靠惠州学院后山尖峰山，海拔212米，市区最高峰，巍峨且绿意葱葱。两座场馆是惠州市城市主要干道的道路景观的组成部分，其设计不仅要求和谐地融入城市空间氛围，又需展现建筑对于本土历史文脉的传承，还需将建筑自身融入到现存的环境以及地形地貌中，与周围连绵的山境相互呼应成趣。

基于此，体育馆以"高山流水"为设计理念（图6-1-6），"将体育馆纳入整体环境中考虑，设想从高山流下的清泉，流入东江，淌入西湖，体育馆正如潺潺的流水，其'止于有形，流于无止'气势，体现体育运动的本质。"[1]跳水馆以"山水意象"为设计理念（图6-1-7），"设计出发原点以建筑与自然的合奏为形态，巧妙地利用丘陵、水与山谷地状特殊性，建筑体布局平缓起伏，在青山绿水的衬托下，建筑呈现出多姿多彩的表情。"[2]两座场馆均以山水理念来传达自然环境与建筑的联系，以具有中国传统诗意的主题"高山流水""山水意象"立意，建造现代体育与传统美学有机结合的运动场所，体现山性至刚、水性至柔，柔中带刚的美学意象。

图6-1-6　惠州金山湖体育馆鸟瞰
（图片来源：作者自摄）

① 秦莹. 从惠州金山湖体育馆项目看体育场馆设计趋势[J]. 广东土木与建筑，2013（12）：17.
② 郭胜. 构筑实现梦想的舞台——惠州市金山湖游泳跳水馆设计[J]. 建筑学报，2007（3）：74.

图6-1-7　惠州金山湖跳水馆鸟瞰
（图片来源：作者自摄）

2．建筑造型塑造山水之美

金山湖体育馆、金山湖跳水馆两座场馆在外观造型、布局等方面塑造"山形水势"中观环境之美。

外观造型方面，两场馆均运用轻灵活跃的优美曲线。跳水馆的侧翼前伸，其倾斜的屋面，如同水银泻地一般，流动的屋顶造型，就如同运动员在水中搏击的阵阵波浪，在绿水青山间穿游，波浪起伏的外形又与背后连绵的山境相映成趣。体育馆简洁纯粹，动感十足，喻示"更高、更快、更强"的体育运动精神。

在平面布局上，为保护与利用原有自然环境，建筑顺应地形高差，两个场馆均以架高形式将主入口抬升，从而缓和台地多重叠级关系；而顺应山形的长坡台阶不仅使得建筑物主动退离主干道，减小大体量建筑对于演达大道的压迫感，同时增加了场馆的宏伟气势。得益于架高的主入口，长长的台阶配以生机盎然的绿化，入口广场与建筑以及背景山体融为一体，拉近了人们与建筑的距离，增强了亲切感；得益于架空的主入口，建筑流线组织清晰明了，内外场分区明确，观众通过面向演达大道的布满绿化的长台阶拾级而上，到达裙房屋顶平台，通过主入口进入观众休息大厅和座席区，工作人员和参赛选手则通过负一楼的出入口进入，车辆也从大台阶两侧出入，形成良好的人车分流。另外，因场地地形西高东低，建筑随主干道方向而坐西向东，因此场内观众席位为不对称布置，主要座位安排在东、西两侧，且西侧高于东侧，与其相依的山体走向相协调，突出"高山流水"与"山水印象"的设计理念。

3. 建筑细节表达山水意蕴

金山湖体育馆与游泳跳水馆两馆还利用不同建筑材质的特性、运用虚实对比的手法来表达山水之意蕴。金属材料和玻璃之间的虚实对比、刚柔对比（图6-1-8），结构的稳定性和韵律感与线的流动性和变幻性对比（图6-1-9），塑造出刚柔并济、虚实相生的空间品质，实的品格包括直接性、可感性、稳定性、确定性等，虚的品格如间接性、多义性、流动性、不确定性等，两种不同品格的融合，如山水之柔美相生，从而营造微观层面的山水意蕴。

图6-1-8 惠州金山湖跳水馆外表皮
（图片来源：作者自摄）

图6-1-9 惠州金山湖体育馆室内
（图片来源：李卓凌绘）

6.1.3 风景园林营造上善若水

老子赋予水至高的道德本性，"上善若水，水善利万物而不争，处众人之所恶，故几于道"，水包容万物、泽被万物，亦即尊重万物、珍爱自然环境，从而和谐共生。惠州水资源极为丰裕，水体形态亦多样，大量滨湖、滨江、滨海等滨水园林应运而生，表达人与自然的和谐相处，这不仅是上善若水美学思想的体现，更是惠州海纳百川之态势体现，还是通达而广济天下的城市特征的反映。

6.1.3.1 选址建园、滨水因借

当代惠州公共园林选址多选择市民身边真山真水的自然环境，综合公园、社区公园、郊野公园、滨水公园等城市绿地体系的完善，建设"步行5分钟见游园、步行15分钟见公园、步行30分钟见山见水见大型公园"的绿色化现代山水城市，实现"城在山水中、家在公园里"的审美理想。

1．滨湖园林

惠州地势低洼，湖泊众多，天然型代表性湖泊如西湖、金山湖、潼湖等，水库型代表性湖泊如红花湖、白鹭湖（角洞水库）等，在当代得到有效利用成为人们休闲娱乐的公共园林。比如西湖，湖泊面积3.13平方公里，自古以其自然天成、旷貌幽深特点而名扬天下，素有"竺箩西子"之美誉，2018年西湖与红花湖风景区被列入国家5A级旅游景区，是典型的湖山型风景区。西湖素有"五湖六桥八景"之说，平湖、丰湖、南湖、鳄湖、菱湖五湖相通、山水秀邃，历史人文景观丰富。位于西湖平湖湖区西北角的丰渚园在惠州当代公共园林中最具代表性，该园三面环水（图6-1-10），北隔鳄湖路与菱湖相邻，旧时名为鲇鱼墩，2007年"美化亮化西湖"工程中得以扩建并于2009年建成并对公众开放。又如金山湖，位于西枝江西岸，由环湖路、环岛路、西枝江南岸路围合而成，呈"心形"环状，汇集莲塘布、冷水坑、吊鸡沥和河桥水4条河涌的低洼湿地，天然的蓄洪区，2014年度"中国人居环境范例奖"是对该湖改造利用成效的认可。还如红花湖，位于红花嶂和高榜山之间，1991年筑坝成湖，水域面积1.62平方公里，为西湖活水之源，环湖18公里绿道于2009年启用。再如白鹭湖，原名角洞水库，属人工湖泊，水域面积2.7平方公里，湖岸曲折、碧水漾洄，今天除了白鹭生态保护区外，水上乐园、游艇码头等成为水上娱乐场所。

2．滨江园林

惠州是座沿江而起、伴江而兴的城市，沿东江、西枝江及其支流，建设长条形沿江公园是21世纪惠州两江四岸景观设计的重要内容。比如东江公园，位于东江北岸，是沿东江而建设的狭长形城市公园，江岸线长约3.2公里，总面积约21.88万平方米，最宽处140米左

图6-1-10　惠州丰渚园鸟瞰
（图片来源：作者自摄）

右，最窄处仅10余米，公园自西向东依次分为静、动、静三大功能区，分别包括西入口、翠鸣园、茗香园、主入口绿化广场、童趣园、棕林之家、雕塑园、文化广场、绿荫园、余晖园、水景园、烧烤园、东入口等景点。又如东江沙公园，位于东江南岸，总面积达7.2公顷。公园名字源于此处为适合开采河沙之处，采沙禁止后，改建为公园。公园地块呈带状，全长约900米，宽30～100米。再如鹿江公园，位于惠州市区水口街道大湖溪文头岭东江新城片区。得名于水口片区的河沥鹿江沥，设置人文交流区、健身运动区、阳光活动区以及湿地景观区4个功能区，总规划用地91217平方米。此外，沿东江北岸设置绿道，起于东江水利枢纽，止于望江，全长约19公里，一般为慢行道，宽约4米，沿途设置花之园、风之园、主广场、舟之园、水之园、雕塑园、草之园七个主题特色园。

3. 滨海公园

惠州有着280余公里的海岸线，建设优良滨海园林，是惠州"沿江向海"规划目标中"美丽海湾"的内容之一。惠州有大亚湾、小径湾、巽寮湾、双月湾、海龟湾等海湾，又有三门岛、盐州岛、狮子岛、三角洲岛、东升岛等众多海岛，以大亚湾为例，沿海就有乌头山绿道、澳头滨海公园、澳头渔人码头、大亚湾红树林公园、海韵广场、黄金海岸、十里银滩等多处公园，类型也丰富多样，如以休闲文化为主的海滨文化广场、以休闲购物为主的滨海商业街、以自然元素为主的生态公园、以人工因素为主的雕塑广场等。海边绿道颇受大众喜爱，漫步绿道，感受海风吹拂、体验运动之美，不经意还有强烈景观对比，比如乌头山绿道（图6-1-11），西起大亚湾黄金海岸，东止于小径湾沙滩，靠山沿海，全长五公里，绿道尽头小径湾高楼林立，自然与城市，天海相接。

图6-1-11 乌头山绿道与小径湾高楼群
（图片来源：作者自摄）

6.1.3.2 无法之法、滨水意匠

清代石涛在《苦瓜和尚画语录》中说："无法而法，乃为至法。"①没有法则并不是不懂方法，而是不依赖技巧，不被法则所限制，这才是运用法则的最高境界。惠州滨水园林的造园意匠亦多种多样，既有传承中国传统园林之大气，又有创新求变的自然真趣。

1. 中国古典式园林

现代园林中传承中国古典式园林的手法，彰显传统文化魅力，惠州古典式园林主要通过围合式布局、传统建筑造型、传统建筑装饰等不同层次体现。

第一，园林建筑比重大，着力凸显建筑形象，体现盛世的宏阔。以丰渚园为例，园区面积不大，却分为五个部分，重塑西湖历史人文：主庭园由文昌门、文昌阁、品胜楼围合而成；次庭园由珍砚斋、知鱼阁、荫石轩、邀月楼围合而成；配庭园由叩香门、汇芳斋、寄星楼、阅菡精舍围合而成；外庭园由琴韵斋、凌波画舫、见渊亭桥组成；假山空间由山荫草堂、观澜桥、观瀑亭等组成。前三部分均采用围合式布局、注重中轴对称，采用连廊手法、突出建筑组群秩序之美，如丰渚园架在湖面的五龙亭，以连廊将入口亭和四周角亭连系，形成一个方正的游廊（图6-1-12）。建筑组群还强调门堂之制。"门堂之制"作为一种房屋制式，属于礼制范畴，其核心特点就是门、堂分立，"其目

图6-1-12　惠州丰渚园五龙亭鸟瞰
（图片来源：作者自摄）

① 石涛. 苦瓜和尚画语录[M]. 南京：江苏凤凰文艺出版社，2018：24.

图6-1-13　惠州丰渚园主庭园门堂分立
（图片来源：作者自摄）

的在于产生'内''外'之别以及由此而形成的一个中庭"①。丰渚园主入口右侧四合院，以叩香门为门、阅菡精舍为堂，以连廊连接叩香门与阅菡精舍两侧对称建筑翠鹂馆和寄星楼。文昌门、文昌阁、品胜楼（图6-1-13）亦以中为轴线依次有序展开，加上四周游廊，围合而成一组建筑。每一组"门堂"代表建筑群的一个段落，是变换封闭空间景象的一个转折点。

第二，园林中建筑为传统风格。建筑采用传统风格，青色瓦面，褐红色檐板与柱身，花岗石栏杆、台基与地面，色彩和谐，一派古风。与惠州本土传统建筑相比较，丰渚园、金山湖等现代园林中的传统风格建筑体量偏大，且屋顶形制较为隆重，大量采用古建筑中等级较高的歇山顶、重檐等手法，如丰渚园双清亭心间屋面、文昌阁等采用歇山顶形制；五龙亭的五个亭均为十字脊形制，正中间亭为重檐十字脊形制，金山湖绿野长廊（图6-1-14）、湖心亭，丰渚园畅远楼两侧亭子邀月楼等建筑采用重檐歇山顶形制。隆重的建筑屋面与广袤的水域将园林衬托得气势雄伟、形象稳重敦厚。

2. 自然真趣式景观

除了大气磅礴的传统古典式园林，惠州公共园林强调对自然环境不作大的调整与改造，而是突出对自然景观进行充分的因借处理，沿湖、沿江、沿海绿道让人在步移景异中享受真山真水、体味自然、崇尚自然。

第一，主题建筑突出山水形象。在自然真趣的现代园林中，建筑不拘泥于形式，多

---

① 李允鉌. 华夏意匠[M]. 天津：天津大学出版社，2005：63.

图6-1-14　惠州金山湖绿野长廊
（图片来源：作者自摄）

为点景之用。东江沙公园整体设计为"一点两线"，"一点"是滨江广场，"两线"之一为景观线，表达对滨水生态的关注；另一线为功能线，突出惠州本土文化同时满足休闲与娱乐的需求，穿插东江文化苑、风浴廊、阳光沙滩等休闲空间。园林与城市之间则通过矮墙、植物等达到遮挡、开放的设计目的，因此从车水马龙的滨江东路到鸟鸣雀跃的东江沙公园，毫无违和之感，随着由动到静的转化，游人从喧嚣的城市进入到静谧的江水之畔，身心得以放松。该设计于2005年荣获广东省第十二次优秀工程设计风景园林二等奖。其中的点睛之笔为滨江广场上"惠州之光"景观塔（图6-1-15），突出城市山环水抱的特征，低矮的、张开的几何形膜结构象征流动的水，寓意源远流长、奔腾不息、盈科而进，呈现动态的美；中间圆柱体象征屹立的山，稳重静穆、参天拔地、滋育万物；熠熠之光代表了惠州人民对于美好未来的期望与追求。

　　第二，景观小品山水形象创新设计。亭是园林中最为常见的景观小品，供游人休息，提供良好视野范围，亭是赏景建筑，其自身也是园中一景。在自然真趣式园林中，亭子突破传统造型，以新颖造型、新型材质创新设计，给人耳目一新的

图6-1-15　东江沙公园"惠州之光"景观塔
（图片来源：作者自摄）

图6-1-16　乌头山绿道景观亭
（图片来源：作者自摄）

图6-1-17　惠东礁石廊桥
（图片来源：作者自摄）

美。惠州海边乌头山绿道的亭（图6-1-16），依山面海，亭采取不对称的结构造型，既像亭子背靠的、硬朗的、山的造型，又似蜿蜒曲折的海岸线，屋面和柱子之间用木条造就线条感极强的阴影，墙身海鸟装饰很鲜明地突出其临海特征。廊也是园林中常见的建筑小品，现代园林中开始简化传统的构造，增加新亮点。惠东日出东山海景区有一片连绵礁石滩，礁石滩上架起一座廊桥（图6-1-17），廊桥很简洁地用白色钢条构成，像两条飘带轻盈交错在礁石桥上，纯净的白色廊桥与湛蓝的海水、平直的廊桥桥面与高低错落的礁石、廊桥自身的曲直交错，对比鲜明、简洁明快且相映成趣。

6.2　复合性建筑功能的时代创新

6.2.1　城市中心，空间叙事

空间叙事指"以空间为载体，通过空间操作的手法创造空间场景，并作用于人，激发和唤起人在参与实践及空间体验的过程中一系列的感知及情绪，在这一过程中完成对空间文本的叙述"[1]。基于空间叙事理论，分析惠州江北城市中心区主要建筑的不同层面叙事。

6.2.1.1　市行政中心为核心的整体空间叙事

惠州江北城市核心区的整体布局采用以市政府为核心的整体空间叙事手法。惠州于1988年设为地级市后，将城市中心跨越东江，北移至江北新区，明确江北片区定位为市级行政、会展和文化中心。根据《惠州市江北中心区详细规划》（2005年），江北中心区布局将形成"一轴十二区"的空间结构：一轴为以惠州行政中心所在地为起点，延伸至

① 戴天晨，吕力. 空间叙事机制探究：程序设计在OMA建筑中的表现和意义[J]. 建筑师，2020（1）：14-21.

东江对岸的城市景观轴线；十二区指由市
行政中心区、市民公园区、科技展示区、
体育运动区、综合发展区等不同功能组成
的十二个区。主要建筑惠州市行政中心办
公大楼，由华南理工大学建筑设计研究院
1992年设计，1996年竣工；惠州市博物馆、
惠州市科技馆、惠州市文化艺术中心，简
称"两馆一中心"，由同济大学建筑设计
院设计，2006年动工，2008年落成。

惠州市行政中心与文化艺术中心、科
技楼、博物馆等建筑形成气势磅礴的怀抱
之势（图6-2-1）。市政府办公大楼，选址
江北新城区云山西路以北的小山丘上，林
木葱翠；沿市行政中心轴线、市行政中心

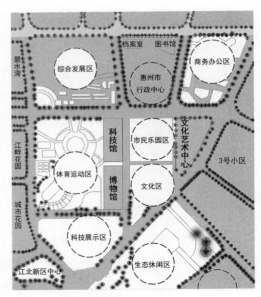

图6-2-1 惠州城市核心区布局
（图片来源：游树华绘）

正前方、隔着云山西路是市民公园以及公共绿地，市民公园东侧为惠州市文化艺术中
心，市民中心西侧为惠州市科技馆、惠州市博物馆等公共建筑。城市中心区建筑围绕中
心巨大市政广场，其他公共建筑形成"文武百官朝列式"[①]布局，这一类复合群聚式公
共建筑群具有极强的视觉冲击效果，是城市现代化形象的突出展示物。为了突出市行政
中心的核心地位，中轴线周边的"两馆一中心"公共建筑的高度明显低于行政中心，而
且"两馆一中心"公共建筑的主出入口设置在朝向市民公园方向，即市文化艺术中心主
出入口设在西面，而市科技馆、市博物馆主出入口设在东面，突出了城市中心区空间序
列感。

6.2.1.2 中心区建筑两两呼应叙事

中心区建筑除了与市行政中心形成紧密联系之外，彼此也强调两两之间的呼应关
系。市民公园东西宽约270米，南北深约290米，尺度巨大，除了"文武百官朝列式"布
局加强公共建筑与行政中心之间联系之外，还通过建筑风格、造型等加强空间限定、彼
此之间联系。第一，以"时空长河"山水象征统领两馆一中心建筑风格。文化艺术中
心、博物馆、科技馆靠近市民公园方向的裙房设计成连绵起伏的曲面（图6-2-2），既
呼应惠州美丽山水环境，以及由古至今时间与空间的长河，又传承岭南传统建筑手法
"连廊"，美观同时遮阳避雨。加之，连廊部分金属材质相同，因此，即便"两馆一中

① 向科，王扬. 文化建筑中文化性、地域性与时代性的综合叙事——惠州市文化艺术中心、博物馆、科技馆建筑设计方
案[J]. 华中建筑，2006（11）：21.

a 惠州市文化艺术中心连廊   b 惠州市科技馆连廊

图6-2-2　两馆一中心连廊
（图片来源：作者自摄）

心"建筑相隔偌大广场，依然能清晰感受到建筑群的空间秩序。第二，以连廊密切科技馆、博物馆的关系。两馆位于轴线西侧，关系更为密切，以石材和金属构成的架空柱廊加强两馆之间联系，裙房屋面亦互通有无。第三，"两馆一中心"造型方圆对比强化城市中心区时空一体。科技馆主要目的是激发科学兴趣、启迪科学观念，惠州市科技馆以"探索之梭"为设计理念，寓意探索未知世界，象征未来，形成现有椭圆形建筑造型，基座起点处点缀"科幻球"。博物馆主要目的为感悟历史、了解文化，惠州博物馆以"历史之印"为设计理念形成方形体块，寓意展陈历史长河中珍宝，象征过去，立面采用内为红色面砖、外为镂空金属框架的双层表皮，形成鲜明阴阳之分的印章造型。文化艺术中心主要目的为开展公益文化活动、增强文化自信，惠州文化艺术将其梯形地块分为大小不同的两个三角形，屋面造型灵动起伏，如山之连绵、水之涟漪。博物馆、文化艺术中心、科技馆，"两馆一中心"由过去到今天再到未来，从有限空间延伸到无限时间，体现了中国传统"时空一体"美学思想。

6.2.1.3　中心区建筑自身空间叙事

中心区各单体建筑自身有着明确而清晰的叙事话语、顺序与节奏等。

惠州市行政中心办公大楼是座整体性强和秩序感强的大型公共建筑（图6-2-3）。大楼用地面积20万平方米，建筑面积9万平方米，建筑主要放置在用地后部的山丘高处，前面是宽阔、整洁、美观的广场。建筑距离主入口纵深约240米，两侧是郁郁葱葱小树林，中间则依据地势设置为广场，宽24米、长120的花坛占据了广场主体地位，人行台阶、车行坡道排列在花坛两侧。这种集中式平面的行政办公建筑使得各个功能之间距离亲近、联系紧密。建筑平面成凹字形，主楼高13层，两侧副楼分列东西，高8层，主楼与副楼之间以半径60米的柱廊围合而成半圆形广场。办公大楼及其园林景观呈现鲜明的中轴对称的特点，突出了办公大楼的中心地位及其庄严、崇高的建筑特点，与行政中心

图6-2-3　惠州行政中心办公大楼
（图片来源：网络）

严谨、庄重的办公氛围相得益彰。办公大楼以其鲜明个性与强时代感而荣获1998年度教育部优秀工程二等奖、建设部优秀工程三等奖。

　　惠州市文化艺术中心坐落在惠州市行政中心东南向，西侧正对市民乐园，与科技馆、博物馆遥遥相对。建筑所处地块是个梯形地块（图6-2-4），通过对角线分为两个三角形地块，小三角形为文化艺术中心的主入口廊道和惠州市文化馆；大三角形由1361座的歌剧院、517座的多功能厅和一个290座的音乐厅组成。外观造型起伏灵动，似水之涟漪，又如天鹅轻舒两翼，呼应惠州俊美山水环境与木鹅仙城文人环境。

　　惠州市科技馆以"探索之梭"为设计理念，通过造型、展陈空间设计等多种手法让参观者体验科技之趣、感受科技之光、领悟科技之美。在外观造型上由椭圆体和半球体

图6-2-4　惠州市文化艺术中心
（图片来源：作者自摄）

图6-2-5　惠州市科技馆
（图片来源：作者自摄）

两个主要部分组成（图6-2-5），椭圆体部分象征天体运行的轨道，球体则是浩瀚无垠宇宙中星体的寓意，连接科技馆与博物馆之间长几百米的连廊则是"时空长河"寓意。在展陈空间上，首层主展区设置宇宙探索、地球家园、生命奥秘、启蒙科技等主题，让参观者动手参与，在亲身体验的乐趣中习得科学技术知识。二层是青少年科技制作活动区，如天文观测台、科技模型活动中心、机器人活动中心等，在体验的基础上更需要参与者自身的尝试，属于更高层级。三层为科技文化交流区，是前沿科研成果、高新技术产品展示之地，相较一二层对科技的感知，这一层对参与者的要求更高。

惠州市博物馆以"历史之印"为设计理念，通过造型、展陈空间设计等多种手法让参观者感知惠州丰富多彩历史文化（图6-2-6）。建筑形体为简洁的长方体，建筑表皮则采用双层：内层为红色面砖，外层镂空金属框架，以惠州博物馆的馆标为设计源泉，借鉴中国传统文化中印章之"阳刻""阴刻"手法，形成鲜明的肌理图底关系。在内部展陈上，首层为文物交流展厅，即临时展厅为主，二层为文物精品展厅，三层为东江流域文明展厅，四层为惠州历史名人馆。展品的时间范畴由古代到近现代到当代，空间范畴由惠州本土拓展到东江流域，人物由群体到个体，多维角度呈现惠州的物华天宝、人杰地灵、群贤毕至、英才辈出，突出博物馆叙事性表达与教育功能。

6.2.2　建成遗产，织补活化

建成遗产的活化利用日益受到重视，尤其在"城市双修"概念提出以来，织补活化建成遗产成为城市文脉修补的重要方式。"城市双修"，即"生态修复、城市修补"，是我国近些年为了解决城市快速发展中出现的问题而提出的城市治理理念。改革开放以

a 正立面

b 外立面表皮

c 馆标

图6-2-6　惠州市博物馆
（图片来源：作者自摄）

来，我国城市发展波澜壮阔，取得举世瞩目成就，但同时也面临城镇化进程中的各种
"城市病"，2015年4月，住房和城乡建设部将海南省三亚市设立为首个"生态修复、城
市修补"试点城市，探索城市绿地系统、水系统、海绵城市等"生态修复"经验，以及
老建筑维修加固、旧厂房改造利用、历史文化遗产保护等"城市修补"经验，探索转变
城市发展方式、提高人居环境宜居性的理念与方法。惠州是全国第三批"城市双修"试
点城市，也是广东省第一个"城市双修"试点城市。在城市"修"与"补"的众多内容
中，惠州悠久历史文脉作为彰显城市特色风貌的重要名片，成为"城市双修"极为重要
的部分，在建成遗产如海丝遗址保护、历史文化名城、工业文化遗存等方面突出展示惠
州人民在新时代的审美追求。

6.2.2.1　海上丝绸之路遗址活化展望

惠州于2021年加入"中国海丝申遗城市联盟"，该联盟是我国以共同保护海上丝绸
之路遗址和联合申报世界文化遗产为宗旨的城市合作组织，旨在通过"海丝"申报世界

文化遗产工作，推动形成关于海丝跨国文化线路的国内和国际共识，保护海丝遗产，发挥海丝遗产在促进和支持"一带一路"世界性愿景中的积极作用[①]，目前，已有34座城市加入该联盟。

白马窑遗址群是惠州市被列入"海丝·中国史迹"预备名单的遗产点，反映出惠州在古代制瓷业和"海上丝绸之路"中的历史地位。白马窑位于惠东县白盆珠莲花山脉东面白马山，山上有着丰富的瓷土资源和草木资源，附近的西枝江及白马河则为其生产提供充足用水，也为制品外输提供便捷的河道运输。白马窑"是广东省惠州仿龙泉青瓷的代表，也是迄今以来广东最大的窑址和出口瓷产地之一"[②]。浙江龙泉青瓷古窑址生产时间长、规模大，所生产的青瓷广销国内外，周边的福建、广东、江西等地窑场既模仿龙泉窑产品造型、釉色、纹饰等外观特点，也借鉴其制造工艺。白马窑是仿龙泉制品的代表性窑址，也是广东明代瓷器生产的重要代表，与龙泉青瓷的明代中期至清初的盛行历史相对应，白马窑也在明代中晚期达到兴盛，釉色晶莹如玉，品种多、制作精美，类型丰富，有碗、盘、碟、杯、灯、洗、器盖、砚台等，产品行销于东南亚地区，代表性的窑址主要位于三官坑、枫树头、虾公塘等地。

依山傍海的惠州，白马窑附近还有大量丰富的海洋文化遗产。除了白马窑址是海上丝绸之路文明的重要见证之外，还遗存平海所城遗址、练姑山烽火台遗址、田坑烽火台遗址、沙埔烽火台遗址、大星山炮台遗址、盐洲东炮台遗址和盐洲西炮台遗址等海防特征的物质文化遗产，以及惠东渔歌、谭公庙醮会、大王爷节等独特海洋文化特征的非物质文化遗产，将其串珠成链，构建海洋文化遗产游径系统，让民众在惠州"海丝"文化遗迹审美活动时产生更为丰富的联想：联想到昔日兴盛的制陶技术、文明、科学、艺术，联想到一个个小小的民窑却与大大的国家之间进行着文明的交流与互鉴的发展历程，从而产生情感上的巨大共鸣与归属感。

6.2.2.2 历史文化名城的"修"与"补"

城市修补的核心任务之一是保护城市宝贵的历史文化，即文化的"修"与"补"。惠州于2015年10月被国务院批准列为国家历史文化名城，在文化修补方面，既注重"修"，找到城市建设中重要历史文脉遭到破坏之处，进行文脉上的延续，使之更美好；也注重"补"，即城市建设中重要价值缺失之处，经过重新添加，使历史风貌、传统文脉得以重新展现。通过文化修补，引导城市文化产业和文化建设合理有序发展，提升城市活力与文化竞争力。

---

① 中国海丝申遗城市联盟成立，中国社会科学网. 引用日期2016-06-04.
② 张合，等. 广东白马窑仿龙泉青瓷的科技分析[J]. 陶瓷学，2022（2）：130.

1．文化修补之"修"

第一，历史城区文化之"修"。惠州保留较为完整的"一街挑两城"府县双城格局是惠州列入国家历史文化名城的重要因素之一，在整个历史城区的文化修补中，原府城遗址、今中山公园进行文物修缮、空间提质、考古发掘等工作，不断提升历史文化名城的丰富内涵。中山公园与朝京门之间长300余米城墙得以复原，原本冰冷的军事防御工事，今天可以漫步其上，登高远眺，滔滔东江水、繁华江北城尽收眼底。中山纪念堂、望野亭（国民革命军第二次东征攻克惠州，军民联欢会和追悼攻惠阵亡将士纪念地）等文物建筑的修缮让民众了解桉山百年来历史变迁，回忆惠州在新民主主义革命中的不懈努力，感知当下幸福生活的来之不易。目前正在进行的隋代水井考古挖掘工作将让惠州人民更为近距离地感知桉山，见证惠州府城1400余年建置历史的沧桑。

第二，历史文化街区文化之"修"。历史文化街区是历史文化名城的重要组成部分，通过文化之"修"，重新焕发勃勃生机。水东街是惠州历史城区"一街挑两城"特色中府、县双城的联系，水东街文化之"修"不仅在于对历史建筑进行修缮保护，也通过一系列活动，如对沿江城市景观美化、恢复古码头带动东江夜游活动，引进文创中心等业态，举办庙会、年货节、文创购物集市等活动，让历史街区不论白天还是夜晚都焕发蓬勃生机。基于此，2022年8月16日，水东街被国家文化和旅游部列入第二批国家级夜间文化和旅游消费集聚区名单，2023年3月，水东街被文化和旅游部办公厅评为国家级旅游休闲街区。祝屋巷是惠州另一条网红街区，位于西湖平湖北面，与玄妙观为邻，因明代江南才子祝枝山筑屋于此而得名，自然资源丰富、人文底蕴厚重但城镇化建设中一度破败、脏乱，直至2018年惠州借西湖列入5A旅游景区之契机，对周边进行微改造。祝屋巷老宅修葺后变成精致书屋、创意工坊、民宿、特色商铺等，并打造"笔墨广场""幻光水舞台""花舞秀场"等灯光影像，夜晚灯火阑珊，祝屋巷成为集西湖风景、美食民俗、文化创意、文旅街区等多元功能于一体的惠州城市文化地标。

第三，历史建筑的文化之"修"。西湖平湖东岸黄氏书室（图6-2-7），始建于清道光二十二年（1842年），原为归善县黄姓子弟在府城读书之地，经修缮后于2006年以"东江民俗文物馆"新面貌呈现。惠州宾兴馆，位于西湖旁金带南街，建于清道光八年（1828年），建筑占地面积约1100平方米，是清代惠州乡绅为资助本地生员参加乡试、会试而建的试馆，也是广东省内不多见的保存完好、规模大，与科举制度相关的建筑。经过对年久失修的建筑进行修缮，增加科举考试相关展陈（图6-2-8），该馆2019年对外开放，为市民展示当年学习赴考的情景。黄氏书室、宾兴馆等历史建筑的"修"，不仅为市民游客在西湖之畔多提供一个学习、休闲之地，也提升惠州城市文化底蕴，丰富惠州社会历史文化滋养，让陈列在广阔大地的遗产得以重生。

图6-2-7　惠城西湖黄氏书室
（图片来源：作者自摄）

a 馆内展陈"宾兴设宴情形"

b 馆内展陈

图6-2-8　惠城宾兴馆
（图片来源：作者自摄）

2．文化修补之"补"

文化修补之"补"是指对惠州城市化进程中消失的重要文化载体予以补充、添加。惠州府城、归善县城、西湖风景区及东江、西枝江沿岸等都是惠州城市重要的历史文化空间，沧海桑田，曾经的地标性建筑湮没无存，为更好延续历史文脉，在"城市双修"中予以恢复。

第一，惠州府城文化之"补"。朝京门是惠州府城历史信息的重要载体，被誉为"惠州天堑"，为府城北门城楼，民国时期毁于战火，2006年，在原址旁重建朝京门城楼

图6-2-9　惠城朝京门
（图片来源：作者自摄）

（图6-2-9），城墙三个门洞，朝京门楼仿明清官式建筑风格，高三层，面阔五间，重檐歇山顶形制，灰色琉璃瓦，梁、枋、柱、斗栱等色彩鲜明，威武雄壮。2021年，朝京门城楼被开辟为"岭东雄郡——惠州古城记忆展"的小型陈列馆，将中山公园以及惠州府城遗址等文化遗存串联，也成为连通惠州西湖景区以及北门直街历史文化街区的重要纽带，是惠州城市会客厅的一个重要窗口[①]。

　　第二，归善县城文化之"补"。东坡祠，位于归善县城（今桥东街道）白鹤峰上，是归善县城重要历史文化载体。宋绍圣年间，苏东坡寓惠，购得白鹤峰数亩地建屋以终老，孰料再贬儋州，邑人改其故居为祠以纪念其功绩，后屡次维修，抗日战争时期祠毁，20世纪50年代建设中祠址被填埋。东坡文化是惠州文化特色名片之一，为此，东坡祠复建工作于2013年启动。复原基于《重修东坡祠记》《游粤纪闻》《点石斋画报》等文献与图集资料分析、考古挖掘的地面遗存等信息，"东坡祠建筑群有清代岭南祠堂、清代岭南园林建筑及宋代民居等三种建筑风格"[②]。东坡祠这一文化之"补"表达惠州人民对于东坡先生寓惠功绩的缅怀与认可，为先生身处困境依然乐观的精神所鼓舞。复建后的东坡祠（图6-2-10）不只是缅怀、纪念先生之地，也是读书社、琴社、学生研学、非遗集市等活动场所，同时与附近铁炉湖历史文化街区、东坡亭粮仓、野岛社区等古代、近现代、当代不同时代建筑文化遗产相得益彰、熠熠生辉，彰显惠州文化底蕴。

　　第三，西湖文化之"补"。丰湖书院，位于西湖丰湖半岛上，创建于宋宝祐二年（1254年），康熙三十三年（1695年）迁至现址，岭南著名书院之一，明代薛侃、清代宋

① 侯娟. 惠州朝京门城楼陈列展示研究[J]. 文物鉴定与鉴赏，2022（8）：118.
② 姜磊，程建军. 惠州东坡祠（故居）复原设计[J]. 华中建筑，2012（1）：122.

| a 鸟瞰 | b 探春雅集活动 |

图6-2-10 惠城东坡祠
（图片来源：作者自摄）

湘、梁鼎芬、邓承修等曾主讲于书院，自建成以来一直是西湖重要景观之一。历史上书院几经兴废，原有古建筑已无存，为更好地重现西湖历史文化风貌、促进西湖整体复兴，也为市民提供一处文化熏陶之地，2009年，丰湖书院建筑群得以恢复，"设计以历史文献为依据，采用传统岭南广府建筑样式，恪守传统岭南书院形制，具体做法则参照惠州以及其他岭南地区的传统建筑。书院的功能分区明确，形成教育、祭祀、藏书、生活、游憩等部分，各部分交融贯通、形成完整的布局形态"①。复建后的丰湖书院以"城市客厅、文化空间"为功能定位，将教育培训、研究交流、文化服务和培育新人有机结合起来，开展小小说大课堂、"我们的节日"等系列品牌活动，成为惠州新时代文明实践特色阵地，是惠州文化新地标，提醒了惠州崇文厚德的优良传统。

第四，江边文化之补。合江楼"在府城外，东江、西江合流之所"②，因苏东坡之由在惠州人心目中占有独特地位。苏东坡两次寓居于此，时长逾一年，毫不吝啬对合江楼及周边风景的赞誉。《寓居合江楼》写道："海山葱昽气佳哉，二江合处朱楼开。蓬莱方丈应不远，肯为苏子浮江来"；《题合江楼》："合江楼下，秋碧浮空，光接几席之上"③。民国时期因屡遭战火，城市化进程中彻底湮没，踪迹难寻。2006年，为弘扬东坡文化，合江楼异址重建，跨过西枝江，位于东新桥东岸，接水东街西街头。新建合江楼（图

① 石拓. 惠州丰湖书院建筑复原设计[J]. 华中建筑，2020（1）：118.

② [明]杨载鸣，《惠州府志》，第153页。

③ 孔凡礼. 苏轼文集·卷71[M]. 北京：中华书局，1986：2272.

6-2-11）俊朗挺拔，仿清代官式风格，高九层，逐步向上收窄，重檐攒尖顶造型，灰瓦白墙，花岗岩石基座，每层平台环绕围栏，可凭栏远眺，欣赏两江汇合美景。

图6-2-11　惠城合江楼夜景
（图片来源：作者自摄）

6.2.2.3　工业遗存的织补

每一座城市都有属于自己的工业遗存，这些独具特色的老旧厂房，是城市特殊的文化符号，有值得留存的文化价值。最近十余年来，惠州工业遗存得到充分重视，通过功能置换、丰富空间形态等方式得以重生，客观上一定程度地修复惠州城市历史文脉，主观层面增强市民对于惠州在情感上的认同感与归属感。

在惠州众多工业遗存活化为文创园区实例中，惠城区桥东黄家塘街是惠州极具代表性的文创街区，街道长不过一公里，却有着752艺术仓、野岛文化生活社区、东坡亭粮仓文创基地等众多文创园，通过微改造成功从工业记忆转型为文化创意，从旧空间转为新地标，实现跨时代的文化融合与碰撞，成为备受关注、尤其受年轻人追捧的文化潮流网红打卡地。第一，752艺术仓，位于黄家塘街63号，前身为始建于20世纪60年代的粮仓，是惠州较早成立的文创园。艺术仓以惠州电话区号"0752"为名，表达出营造惠州文创园的勇气。建筑保留浓郁历史风貌，如双坡板瓦屋面、豪式屋架等（图6-2-12），高敞的内部空间为茶馆、陶艺馆、咖啡馆等文创机构的进驻提供各种空间可能性，过往的"粮食仓库"悄然转身为"艺术仓库"。第二，东坡亭粮仓文化创意园（图6-2-13），距离752艺术仓约300米，前身为惠阳县粮食局东坡亭粮食仓库，1992年开始不再储粮，留存四座形制、结构大致相同的粮仓，在对建筑结构加固修缮、周边环境整治之后成为展示

图6-2-12　惠城752艺术仓
（图片来源：作者自摄）

图6-2-13　惠城东坡亭粮仓
（图片来源：作者自摄）

a 旧酒缸　　　　　　　　　　　　　　　　b 餐饮店

图6-2-14　惠城野岛社区

（图片来源：作者自摄）

本土文化、传承非物质文化遗产的重要场所，比如跨年创意展览等活动，推动粮仓焕发出新的生命力。第三，野岛社区，位于黄家塘街39号，前身为"粤东饮料厂"，2019年微改造为文化生活社区（图6-2-14）。社区保留曾经见证轻工业繁荣的符号，如巍然矗立的大烟囱、硕大的水塔、酒缸等，引进书店、手工艺店、餐饮、民宿、酒廊、咖啡店等业态，创办野岛旧物展、涂鸦作品展、音乐会等丰富的主题活动，强化社区创意文化导向。

除了黄家塘这条成功改造的文创街区外，惠州市内还有相当工业遗存通过织补形式重现新活力。比如惠城区惠南街33号的"33号青年公路街区"，其前身为"高高制衣厂"。通过对旧厂区外墙面增加一个个白色的拱形外廊、配合墙面高饱和度的红、橙、黄、绿、蓝等颜色，产生强大的视觉冲击力，充满青春活力。通过室外休闲茶座、户外观演看台、户外攀岩等方式极大地调动年轻人的情感共鸣，2021年跨年夜开业之后迅速成为惠州网红打卡新地标。又如惠城区下角东路的"910文化创意园"，其前身为"惠阳机械厂宿舍楼"，通过增添富有特色的创意元素、白黄相间的建筑外观、鲜艳搞怪的特色涂鸦、有工艺感的红色楼梯等方式，用谐音"就要你"的"910"为园区命名，迎合年轻人审美趣味。再如惠城区云山东路21号的"T21创意产业园"，其前身为TCL云山工业园，创意园名字源自原工业园名称首字母"T"与门牌号"21"，同时传达面向21世纪、面向更广阔未来的立业展望。除改造为文创街区方式外，以运动场所赋予新生亦颇有创意，比如位于惠城区鹅岭南路的"顽猴运动空间"，前身为1995年的"惠州皇冠制罐厂"，保留至今的墙面白色横幅"皇冠制罐"彰显其原主人身份，今天这里成为室内篮球、羽毛球等的运动场所。

6.2.3　乡土建筑，文旅融合

乡土建筑融入文化旅游，成为新时代带动乡村振兴的重要方式之一。2017年3月，第十二届全国人民代表大会第五次会议，"全域旅游"写入政府报告；同年10月，中国共产党第十九次全国代表大会提出实施乡村振兴战略的重大决策部署。乡村民宿，作为有别于传统住宿形态，自此获得快速发展，成为带动乡村旅游的重要途径和助力乡村振兴战略的重要抓手。惠州乡村民宿的蓬勃发展得益于得天独厚的青山绿水宝贵资源，在2020年惠州推出最美民宿评比活动中，麦客喜客、凤悦·墅家玉庐汇、秋长谷里、天堂小镇、禾肚里稻田、清水湖农庄、尚柯庭院、满庭芳创意客栈、吾乡别院、东方树玫瑰园民宿等10家民宿品牌被评为"最美民宿"，花筑·1号栈善下民宿、予舍民宿、嘉里·生活Life公寓、观湖书院、上良民宿、雅苑度假山庄、时光·宿、石仔吓·小院、五合院、白马河畔等被评为"最具人气民宿"，其中大部分为乡村民宿。在2021年广东省文化和旅游厅、广东省农业农村厅发布的《关于公布首批广东省乡村民宿示范点的通知》中，惠阳区秋长谷里民宿、博罗花开乡院民宿、博罗禾肚里民宿、博罗上良民宿、龙门天堂小镇民宿、博罗麦克喜客民宿等六家民宿入选。

《旅游民宿基本要求与等级划分》（GB/T 41648—2022）第3.1条对旅游民宿界定为"利用当地民居等相关闲置资源，主人参与接待，为游客提供体验当地自然、文化与生产生活方式的小型住宿设施"。惠州风格不一的乡村民宿在为游客提供体验当地自然、文化与生产生活方式等方面，进行别具特色的创作，成为促进本土乡村文化传承的重要举措。

6.2.3.1 因"自然"而创作

在惠州众多仰赖山清水秀的民宿中，爱树·南昆秘境民宿极具代表性。该民宿所在的龙门县南昆山生态旅游区中坪尾村，海拔800米，森林生态资源丰富，山、水、林、石、瀑等景观特色突出，空气清新、气候宜人，1994年创立高山森林度假村，乡村旅游成熟，2019年入选首批全国乡村旅游重点村名录，同年，高山森林度假村升级改造形成今天的秘境民宿。

南昆秘境整个建筑群掩映在青翠丛林中，置身其中，享受身处森林的沉浸感。首先，整体环境与自然融为一体。地块在一片东西向的狭长谷地上，中间为长条、呈"人"字形的水塘，宽边朝外（图6-2-15），建筑环山谷布置，其中大部分沿湖建，朝向湖面为主，但两两之间隔湖不相对，临湖一面均为落地玻璃幕墙，湖光山色映入眼帘。每个单体建筑的体量都不大，且基本不超过二层，整体高度控制在7米以下，建筑群被分散而轻巧地嵌入树林之中。其次，建筑群屋顶与自然融合一体。建筑群屋面普遍采用灰色调金属屋面，颜色与当地传统青色瓦面相似，造型也由当地双坡屋面转译而成，比如场地临接路口、位于"人"字湖长边两端的餐厅和书屋的屋顶颇具考究。书屋（图6-2-16）屋面设置成高低不同的两个连续屋面，重复叠落再转变为临近路口的墙面、延伸到地面，与书屋依靠的连绵群山甚是和谐。餐厅的屋面则将面向湖面、道路、树林三个方向设置为坡屋面（图6-2-17），内部空间因屋面的曲折变化而变化，顶棚空间连绵起伏，内部以醒目的红色旋转楼梯为中心贯通上下层空间。再次，建筑外立面与自然融为一体。建筑立面用竹或木等天然材质表达质朴氛围，如树屋的基座为挑高钢结构，底下架空层用以放置设备，表面用竹帘或竹植进行遮挡，与建筑内部的竹、木制装饰装修相呼应，营造质朴的空间氛围。最后，建筑内部空间与山谷对话，达成与自然的融合一体。客房朝向山的一面做落地玻璃窗，三角形的窗户是天然取景框，窗外植物、鸟儿仿佛触手可得。树屋陡峭的屋面开设天窗，躺在床上也可观星。在南昆秘境随着季节轮回，山间美丽景象亦有不同韵味。

图6-2-15　龙门南昆秘境基址环境
（图片来源：网络）

图6-2-16　龙门南昆秘境书屋
（图片来源：作者自摄）

图6-2-17　龙门南昆秘境餐厅
（图片来源：作者自摄）

6.2.3.2　因"文化"而创作

　　乡村民宿是促进乡村文化传承的重要举措，位于惠阳区秋长街道茶园村的秋长谷里民宿，在为游客提供体验传统客家文化与新时代创新文化中进行的创作极具代表性。秋长谷里民宿所在的茶园村是一座有着三百余年历史的典型客家村落，于2013年被公布为中国传统村落，谷里前身是始建于清乾隆年间的传统客家围屋松乔楼，于2018年改造为民宿。在村落环境要素上，民宿完整地保留了原有的风水林、堂横屋、晒坪、半月形水塘、农田的传统村落景观缀块；在建筑形制上，平面上大致恢复原有的三堂四横一围龙四角楼形制；在建筑装饰上，中轴线上恢复客家传统建筑的木雕等工艺；在建筑遗存上，颇有选择地保留了围龙部分一段残缺不全的墙体（图6-2-18a），用钢结构加固后直接展示客家传统夯土建造工艺；在建筑功能上，将位于中轴线的公共活动空间保留下来，尤其是轴线末端的祖堂肃穆而壮丽，反映了客家人礼敬祖先、慎终追远的文化精神。客家建筑文化的传承让游客在感受自然真趣的同时，了解客家文化，了解民系文化，思考"我是谁""我从哪里来"的生命意义，感知并弘扬敦亲睦族、孝亲敬老的传统美德。

秋长谷里民宿在新时代中创新文化实践。在建筑功能上，谷里民宿利用左侧横屋（图6-2-18b）改造为"鹏程饭馆"，不断改良推新客家美食；右侧横屋开辟为主题不一、房型多样的客房。在日常活动中，推出亲子田园、客家蓝染、自然探秘、户外拓展、垂钓、蔬果采摘、打香篆、原石彩绘、香薰蜡烛制作等多彩活动。在主题活动方面，承办"乡村振兴惠民市集""活力绽放、凤悦谷里"绿道骑行等活动，热闹非凡。

a 残垣现状保留　　　　　　　　　　　b 横屋天井

图6-2-18　惠阳秋长谷里
（图片来源：作者自摄）

6.2.3.3　因"生产生活方式"而创作

博罗县横河镇依山傍水，空气清新，风光迤逦，涌现上良民宿、禾肚里稻田民宿、悠然山居、麦客喜客等一批特色精品民宿，入选2021年广东省首批"广东乡村民宿示范镇"。该镇民宿凸显生产生活方式方面的创作。

上良民宿位于博罗县横河镇郭前村上良村民小组，位于罗浮山北麓，紧邻显岗水库，是水库移民安置小渔村，依山傍水、自然风光秀美，湿地公园、百亩荷花池、森林公园等都是吸引久居城市的游客"复得返自然"的天然景点。小渔村建筑外墙悬挂竹编鱼篓、鱼笼、虾篱等捕鱼、抓虾、诱鳝的竹制工具（图6-2-19a），并将捕鱼工具进行转译成为书屋吊灯装饰（图6-2-19b），展示上良"渔"村特色。

a 捕鱼工具作装饰　　　　　　　　　　　　b 书屋竹制吊灯

图6-2-19　博罗上良民宿
（图片来源：作者自摄）

禾肚里民宿，位于博罗横河镇河肚村，民宿名字来自"满眼稻田"景色与"河肚村"村名的谐音。民宿是在废弃校舍基础上改建的，为打造浓郁稻田特色，校舍围墙打开，在原学校操场种上稻田（图6-2-20a），教学楼走廊改造成为朝向稻田的景观阳台，房前稻田，房后群山，呈现博罗传统乡村生活情景。民宿客房以惊蛰、谷雨等节气命名，从细微处反映民宿当地农耕生活。此外，禾肚里民宿中新建的接待大厅、餐厅、书屋及独立客房（田舍）等，建筑材料运用大量当地的乡土材料，如竹子作为民宿立面装饰、鹅卵石（图6-2-20b）墙面爬满爬山虎等攀缘植物等，生态且环保，体现博罗当地客家人传统建筑的建造方式。

a 原教学楼改造　　　　　　　　　　　　b 鹅卵石墙面

图6-2-20　博罗禾肚里民宿
（图片来源：作者自摄）

悠然山居民宿，位于博罗横河镇下河村，距离禾肚里民宿不到200米。民宿通过农耕展馆、节气客房、自然科普、务农体验等方式，深挖农耕文化。山居外蜜柚树园、荷池直观展示农业生产的季节性差异；走进民宿小院，只见爬山虎爬上鹅卵石贴面的墙壁、瓦片砌筑的水池边墙、茅草铺设的门廊屋面，传统生活气息扑面而来。步入正门，正对面墙壁上悬挂"悠然山居"题头诗的联匾："悠溪石奏琴，然成稻庄青，山野相知趣，居有家国情——庄伟题"（图6-2-21a）。一楼展示石磨、榨糖石等乡村生产生活常用物件，墙壁悬挂的斗篷、簸箕等以装饰品形式引领游客目光不停追逐传统生产生活，还通过木板上作画、文字等形式介绍"压榨花生油""传统粗麻布""木车牛力绞糖"的工艺流程（图6-2-21b）。悠然山居民宿14个房间，以春夏秋冬、农耕、小康等元素为主题设计，将村民和民宿主人的故事融入客房中："教师之家"客房，运用黑板、粉笔等教具进行客厅装饰；犁子、耙子装点室内，讲述农民的故事等。这种以"做安静的历史诉说者"为设计理念的做法，将过去农耕文明记忆"镌刻"到民宿空间里，让游客切实感受到不一样的民宿，品味不同地域的不同生产生活方式。

a 题头诗联匾装饰　　　　　　　　　　　　b 传统手工艺流程说明

图6-2-21　博罗悠然山居民宿
（图片来源：作者自摄）

6.3　文化景观创作的艺术追求

6.3.1　木鹅仙城，现代演绎

惠州的"鹅城"别名之说有着千余年历史，两宋始广为流传。"鹅城"的最早记载见于北宋元丰元年（1078年）惠州太守林俛《鹅城丰湖诗集序》；苏东坡寓惠，在诸多诗文中屡屡提及"鹅城"：《白鹤新居上梁文》中"鹅城万室，错居二水之间；鹤观一峰，独立千岩之上"，《昙秀相别》中"鹅城清风、鹤岭明月"等诗作，不仅将惠州府城的地形地貌、进行了高度概括，也随其诗作传诵之广，而使鹅城之名广为流传。苏东坡侄孙苏籀在《跋惠州芳华洲刻石》一文中描述到"鹅城，左江右湖，想其城如堤防，民如雁鹜，屋如舟舫，树如菰蒲"。南宋地理学家王象之则将鹅城之由说明，在《舆地纪胜》称："鹅城，古有木鹅仙城，相传古仙放木鹅，流而至此，因建城。"[①]传说木鹅停留之地化身为小山，即今天西湖之南湖西侧的飞鹅岭。2018年12月，"鹅城传说"入选惠州市第七批非物质文化遗产代表性项目名录。

木鹅仙城的传说反映出惠州水土适合鹅的生长，更因鹅的自身特性，成为惠州独具特色的以鹅比德审美情趣。惠州湖泊众多、水质优良、适合鹅的生长，惠州人善养鹅，也爱吃鹅，"沥林碌鹅"的食鹅工艺在2012年被列入惠州市非物质文化遗产名录。另一方面，鹅体形优美、脖颈修长，鹅首俯仰、鹅颈曲转、鹅掌拨水等，都是美的象征，尤其是鹅团身时状似如意，鹅谐音"我"，因此暗寓"我如意"，表达人们对于趋吉避害的美好愿望。鹅是群居动物，成群结队，被誉为团结的象征；鹅是单配偶动物，所以又寓意对爱情的坚贞；鹅很警觉，在苏东坡《仇池笔记》中写道"鹅能警盗，亦能却蛇"的看家护院本领。因此，许多中外文人墨客都喜鹅，譬如东晋大书法家王羲之爱鹅已到了痴迷地步，从鹅的体态、行走等姿势中领悟书法执笔、运笔道理；丰子恺《沙坪小屋的鹅》一文对于白鹅叫声、步态等的描写表达了他对白鹅的喜爱，瑞典儿童文学作品《尼尔斯骑鹅旅行记》中的莫顿是一只有理想、有同情心、有爱心、有协作精神、不服输、机智聪明的大白鹅。

正因如此，惠州在城市景观上通过"鹅"造型逐渐突出"木鹅仙城"本土文化特色。惠州平潭机场出口"丁"字形机场路口矗立一个高昂头颅、凝望远空、浮在水面的大白鹅造型广告牌（图6-3-1），彰显城市鲜明的"鹅城"文化。花边岭广场中心绿地户外广告牌，则是一只展翅高飞的白天鹅，形态优雅，奋发向上，一如广告牌上"以中国式现代化全面推进中华民族伟大复兴"的标语，催人奋进。惠州奥林匹克体育场北面城市主干道四环南路的入口，一只张开双臂、笑容满面的卡通的鹅（图6-3-2），欢迎参加广东省第十三届运动会的运动员和观众。惠城当下网红打卡点步行街——水东西街街头，一只卡通大白鹅左手举着合江楼造型冰淇淋、笑容可掬、大步流星地朝着游客走来。东江沙公园"鹅"三五成群，或展翅飞翔状，或摇摆走路状，或团身休息状，姿态各异，吸引小朋友们逗鹅、骑鹅，增添了公共园林的乐趣。

在建的"鹅城大桥"以其优美鹅造型即将成为惠州新地标性建筑。该桥位于东江之上，惠州市惠城区东江大桥与隆生大桥之间，是连接惠州市江北中心区与水口中心区的过江通道，2021年开工、预计2024年开通。大桥以鹅城为设计理念（图6-3-3），"拱肋

① 《风雅鹅城》编委会. 风雅鹅城——惠州府城的文化记忆[M]. 广州：羊城晚报出版社，2021：5-7.

图6-3-1　惠州机场路口景观小品
（图片来源：作者自摄）

图6-3-2　惠州奥林匹克体育场景观小品
（图片来源：作者自摄）

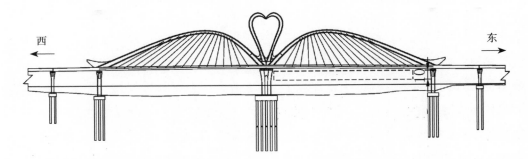

图6-3-3　惠州鹅城大桥设计图
（图片来源：扬泽伟，胡华，冀苏伟，赵佳男. 惠州鹅城大桥主桥总体设计[J]. 世界桥梁，2022（6）：8.）

将天鹅双翼的美丽形态凝固下来，总体富有张力的造型呈现一种蓄势待发的静态美和一种平衡的力量感。空间拱肋之间通过阵列有序的风撑杆件相连，配合以散射布置的吊杆，在精细雕刻天鹅翅膀形态的同时，进一步增强了全桥的层次感。整体造型既有宏观大型的展现，也有细节处的精心雕琢，充分展现出丰富的城市活力"①。

　　惠州市体育馆则是一座以"鹅城"为设计理念的现代建筑（图6-3-4）。该馆位于惠州江北体育公园内，东侧依次为惠州科技馆与博物馆、惠州市民公园、惠州文化艺术中心等文化休闲场所，西侧为住宅小区，北面朝向城市主干道云山西路，与德赛大厦、投资大厦、双子星国际商务大厦等隔路相望，距离惠州市行政中心约500米，南侧为华贸商务中心。该馆2004年初建成，分为比赛馆、训练馆、会议厅、商业服务区等多个单体，各单体除满足体育赛事外，兼顾市民健身、休闲、会议等空间，功能复合程度高。为了使得体育馆主入口获得更为开阔视野，与周边环境更为自然融合，主体建筑由云山西路后退100米，后退部分设计为大型绿色休闲广场，成为市民晨起锻炼、黄昏散步的运动场所，丰富了城市空间。就建筑空间形态而言，该体育馆设计

---

① 扬泽伟，胡华，冀苏伟，赵佳男. 惠州鹅城大桥主桥总体设计[J]. 世界桥梁，2022（6）：8.

图6-3-4　惠州市体育馆主入口
（图片来源：作者自摄）

师、著名体育建筑专家梅季魁先生解读其设计思路，"体育馆的空间形态比较固定，不容随意改型或扭曲，只能从其空间特性和结构形态方面挖掘潜力，开拓创新。从观众席视觉质量角度看，场地两侧座席优于场地两端，呈橄榄形分布，因而多数体育馆两侧座席多，两端座席少，呈跌落式看台轮廓为理想，惠州体育馆屋盖即以此为依据而起伏，为天鹅展翅建立基本骨架，这既表征了空间特点，也反映了球类抛物线运行轨迹的特征"[①]。设计师无意求得酷似的天鹅形象和神韵，充满动感和力量，其飞翔之势既体现了体育运动健与美的鲜明特征，更展示出惠州人民意气风发、奋发向上的时代精神面貌。

6.3.2　隐喻象征，意境营造

意在笔先，是艺术创作的普遍规律，建筑设计之初的立意对作品形成和风格确定具有决定性作用。惠州当代建筑作品中，建筑师常采用象征与隐喻等手法立意，通过具象化、符号化、情感化的建筑语言暗示和传达设计者的思想和信息，加强人与建筑之间的对话，驰骋审美想象，提升建筑人文意蕴。

博罗罗浮山种子教堂是惠州当代建筑中象征隐喻手法的典型代表，通过空间布局、建筑形体、建筑材质等，突出"种子"的特征，寓意生命的开端与大自然的奥妙。其有以下设计特色：第一，平面布局。平面图以种子的有机意象作为起点（图6-3-5a），用弧线墙体包围出一个"东凸西凹"空间，墙体分为三部分，东侧、北侧和南侧的破口处

---

① 梅季魁，王奎仁，姚亚雄，罗鹏. 体育建筑设计研究[M]. 北京：中国建筑工业出版社，2010：181.

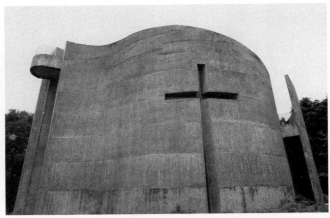

a 平面图　　　　　　　　　　　　　　b 外立面

图6-3-5　博罗种子教堂
（图片来源：a为作者改绘自欧晖. 种子教堂[J]. 中国建筑装饰装修，2012（10）：283；b为作者自摄）

形成三个大小不一的出入口，东南向墙面上有一个十字形的开口（图6-3-5b），将外部光线引入室内。第二，光影。光影是建筑的灵魂，种子教堂采用梯级式屋面结构，向南不断攀升，直至教堂顶部，登高远眺，近处的村落、远处广阔的水面与连绵的群山尽收眼底；攀升的阶梯同时又是朝北开设的一条条高低不同的天窗，墙体的开窗只有东南一处，立面呈十字架形，这既是室内重要光源，也是基督教建筑鲜明的文化符号。一年四季、一日之中，太阳光随着天窗与十字形窗投射进室内，形成丰富的光影变化，营造出静默平和的氛围。第三，建筑材质。教堂所有墙体为竹模板现浇混凝土而成，竹模板在墙体表面留下一条条清晰的痕迹，竹子是罗浮山重要植物，竹模板的使用呼应了罗浮山为幽篁遍野的自然环境，也呼应了国人喜爱竹林、视竹为君子化身的人文背景，同时墙体的灰色基调带来肃穆沉静的氛围。整座毫无修饰的竹模板现浇混凝土建筑，如同种子般朴实无华，却又代表着生命的延续，意味着希望，象征着强大的精神力量。

　　浮山云舍建筑通过多种隐喻手法，从设计灵感、到平面、到外观造型，体现其"一池三山"的审美意境。该项目位于惠州博罗长宁，在道教名山罗浮山下，平安罗浮山中医健康产业园展示中心，亦是"罗浮山十里方圆"的售楼部。第一，浮山云舍的设计源自一池三山灵感。汉武帝在长安建造建章宫时，在宫中开挖太液池，在池中堆筑三座岛屿，以"蓬莱""方丈""瀛洲"命名模仿仙境，以求超越凡间，进入胜境。此后，海上仙山造园模式不断进化，在园林中广泛使用。浮山云舍建筑师俞挺探访基地时恰逢遮蔽万物的滂沱大雨，暴雨疾停瞬间，本不见踪迹的罗浮山忽然浮现，"一池三山"经典神仙境界浮现脑海。基地的水塘化身为太液池，人造的仙山作为展示中心，与基地周边的罗浮山和太平山形成一个自然与人工合一的一池三山；人工仙山由三个圆锥体构筑组成

a 外观

b 圆形母题

c "浮山"

图6-3-6　博罗浮山云舍
（图片来源：作者自摄）

三个山头（图6-3-6a），表达"三生万物"传统哲学思想[①]。第二，浮山云舍平面以正圆形为形式母题，目光所及，基本为圆形（图6-3-6b）。水面为不规则圆形，水面上连续不断的圆形花岛，如涟漪般向外荡开，三座圆锥体的铝山漂浮在花岛上。中间一座为三层通高模型展厅，象征三山中最高峰，其余两座大小不一、分立左右。踏过圆形汀步，沿着旋转楼梯拾级而下，展示区、洽谈区、办公区等均以大大小小的圆形平面灵活组织，沙盘也被设计成圆形，头顶圆形开窗保证了沙盘展示空间充足的天然采光。第三，外观造型突出"浮"的表达。建筑的主体与入口的距离刻意拉伸到极限，加之屋面挑檐

① 俞挺，等. 浮山云舍[J]. 现代装饰，2020（12）：135.

深远，局部达到10米之深，远远望去，建筑群仿佛浮在水面上；建筑主体采用半透明穿孔铝板，营造出在夜晚灯光的照射下仿佛失重的"浮山"意境；圆筒形外围护银色铝板，水的镜面反射加强屋顶悬浮之感；仙山中间混凝土筒体采用放射形钢制空间网架结构支撑，筒体仿佛漂浮在空间，增强了"浮山"主题思想（图6-3-6c）。

惠东双月湾悬崖艺术馆在设计上突出"山海之间"及其不确定性。建筑选址上，艺术馆傲然挺立于临近大海的山崖崖口上，馆因此得名，成为山与海之间的衔接。外观造型上，艺术馆由4个大小不一的长方形体块叠合而成，由山体向大海方向，体块渐次见大。4个体块沿顺时针方向不同角度倾斜，形成错落有致的屋面，打破了常规建筑的稳重，凸显与起伏山体、奔腾海浪的呼应，突出"悬崖"之境（图6-3-7a）。在室内设计上，大量运用弧线与斜线，盘旋而上的楼梯（图6-3-7b）、支撑屋面的斜向柱、采光天窗下垂落的高低不一的海鸟造型装饰等，突出艺术的自由性与灵活性。在室内软装上，家具呈现不规矩的线条感，形态各异的吊灯、简洁的艺术品灵动而有趣。在色彩运用上，外立面通体白色，在蓝天、碧海、苍翠山林中格外醒目，内部亦以白色为主，融入浅灰、海洋蓝等辅调，呼应艺术馆所在的山林海洋自然氛围。整个艺术馆雕塑感很强，与硬朗的山体、宽阔的海景相映成趣。

a 鸟瞰　　　　　　　　　　　　　　　　　　b 室内

图6-3-7　惠东悬崖艺术馆
（图片来源：作者自摄）

惠东东山海礁石酒吧在设计上突出礁石抵制逆流、坚韧不拔的品格。酒吧位于一座半岛的礁石悬崖之上，设计师为丹尼斯·斯林格（Dennis Slinger），亦是印度尼西亚巴厘岛悬崖酒吧的设计者。悬崖顶部为三层螺旋向上的圆形观景台（图6-3-8a），每一个高度，领略不一样宽阔的海面和不一样强度的海风；悬崖底部是若干半圆形平台叠合而成的酒吧，酒吧建筑色彩与周边粗粝礁石群相近（图6-3-8b），临海而坐，听波涛一次次拍打、撞击礁石，感叹礁石的傲然屹立。

| a 观景台 | b 酒吧鸟瞰 |

图6-3-8 惠东礁石酒吧
（图片来源：作者自摄）

6.3.3 以文化人，经典浸润

"文化"一词最早出自《易经》贲卦象传"观乎天文，以察时变；观乎人文，以化成天下"[①]，反映出以文化人是文化固有的功能与使命。惠州是一座注重人文精神营造的城市，随着物质生活水平逐步提高，人们精神需求也在不断提高。而图书馆等营造人文精神的主要场所，在新时代有了新的使命，具有文化、交流和休闲等多重功能的新型公共阅读空间正悄然普及。学海依然无涯，但可以不必"苦作舟"般地纠结、徘徊，城市书房、文旅小镇、景区、文创园、商场、酒店、民宿等，均是"图书馆+"的新型阅读空间形式，营造在阅读中享受快乐、在快乐中汲取营养的文化氛围。

6.3.3.1 图书馆+城市书房

图书馆自诞生以来，便被赋予传承历史文明的重要职责，成为以书育人的重要场所。惠州众多图书馆中"惠州市图书馆"规模最大，藏书量最多，是国家一级图书馆、广东省古籍重点保护单位，原名惠州慈云图书馆，前身为始建于1886年的惠州丰湖书藏，主馆位于江北三新南路，2004年建成投入使用。

惠州市图书馆在设计手法上多借鉴岭南传统学宫建筑，表达对优秀传统文化的传承。首先，选址于城中心。岭南学宫大都位于府、州、县的中心城区，该馆位于惠州市江北行政中心区，与惠州市行政中心同属一区，可见文化建筑在惠州地位之重要，图书馆与惠州市档案局并排位于惠州市行政中心背面。其次，泮池之寓。地方官学的标志之

---

① 杨天才，张善文. 周易[M]. 北京：中华书局，2011：207.

一是在学宫前设置半月形池塘，名曰"泮池"，"生员入学时都要绕泮池走一圈，因此也叫'入泮''游泮'。泮池上的石拱桥称泮水桥，只有获取功名者方可通过，因此有些地方称为状元桥"[①]。惠州市图书馆在主入口前亦设置半圆形小水池，水池上作几段台阶，寓意泮池与状元桥。图书馆主入口位于二层，从馆前广场踏入"泮池"上"状元桥"，再拾级而上，来到二层主入口，寓意攀登书山、渴望知识，以书香滋养人生。再次，中轴对称、逐级抬升。岭南学宫中轴线上的基本构成依次为照壁、棂星门、泮池、大成门、大成殿、尊经阁等，且由前至后每每地坪抬升，形成前低后高之势，寓意步步高升。惠州市图书馆作为当代建筑，难以在组群上依次铺展，但在建筑上依然考虑屋面的逐级升高，中轴末端达到最高，顶部以一本展开的书的造型作收尾（图6-3-9），点名建筑主旨，同时又以学宫最高建筑、轴线末端的尊经阁相呼应，取其贮藏经典书籍之功能寓意。

伴随全民阅读的兴起，惠州市图书馆紧跟时代要求、开设"惠享书房"。惠享书房位于图书馆一楼北侧，面积约1130平方米，有时下颇受欢迎的沉浸阅读区、品读休闲区、亲子共读区、公共交流区和自助服务区等多重功能综合空间，新型公共阅读空间满足人们对优美环境和品质生活的追求，同时智能化、信息化管理大力提升场馆服务效能。除此之外，江北东江公园开设"清风集"和"明月颂"两座惠享书房，环境清幽、气质典雅、氛围温馨。新型公共阅读空间反映惠州开放、包容的城市性格。

图6-3-9　惠州市图书馆鸟瞰
（图片来源：作者自摄）

① 王发志. 岭南学宫[M]. 广州：华南理工大学出版社，2011：4.

6.3.3.2 图书馆+景区

景区内人是流动、动态的，图书馆性质的空间能给予这种流动以片刻驻足的宁静，在阅读中享受慢节奏带来的美好生活体验感。惠州景区精心设置新型阅读空间满足游客阅读、休憩等综合需求。

观湖书院，位于惠州西湖的平湖旁，毗邻祝屋巷与元妙观，高三层，是集书店、咖啡厅、民宿等多功能于一体的综合空间。尽管功能多样，但以"书院"为名，将首层设为书店，表达出主人以文化人的使命，在建筑中通过入口水院、中庭手法加以强化文化空间。首层采用开放界面，朝湖一面采用落地玻璃，设置水池及亲水露台，形成建筑与西湖公共行道的过渡空间，延续了西湖景观，室内阅读与室外西湖景观无遮拦融合。室内中间采用中庭手法，三层顶棚开设采光廊，封闭的内部得以打开，自然光进入一层书店内，书店以中庭为中心，形成环形的空间序列，一面玻璃幕墙向湖、其余三面墙壁布满书架，转角处设置台阶式阅读区。

上野书屋，位于惠州野岛社区文创园区（图6-3-10）。因其北依原东江饮料厂遗存烟囱，故以"向上生长，天天向上"之意命名书院，集崇尚自然之意，集阅读、咖啡文化、美学空间、沉浸式花园为一体，以亚克力元素的巧妙运用，雕琢极具现代艺术感的美学空间。

a 书屋改造中　　　　　　　　　　　　b 书屋改造后

图6-3-10 惠城野岛社区上野书屋
（图片来源：作者自摄）

6.3.3.3 图书馆+文旅小镇

2018年3月，国务院机构改革，国家旅游局与文化部合并，组建文化和旅游部，诗和远方的融合发展成为各界关注焦点。"一滴水"图书馆是文旅融合发展中的典型代表。

"一滴水"图书馆位于惠东平海镇，隶属双月湾·云顶海岸文化旅游小镇。小镇整体地形北高南低，北面丘陵，南面向海，布置别墅度假酒店、图书馆、艺术馆、会议中心、海滨公园等配套。小镇酒店依山而建，矗立于半山之上，占据着小山坡最佳观海位置，"悬崖"艺术馆和"一滴水"图书馆分列酒店左右两边靠近大海的山崖口上，与山体相融，既保证最大观景面，又不影响酒店的观海视线，且以二者对比表达中国传统美学思想：图书馆造型为圆、艺术馆造型为方；图书馆张力十足，主体平面形状为正圆，屋面是湛蓝的水体，艺术馆则是大小不一、高低不一、错落放置的三个长方形体块组合而成，图书馆的静、艺术馆的动；强烈对比而又充分互补。

"一滴水"图书馆从布局到室内多层次营造"书香"氛围。第一，图书馆位于山崖口上，山的北面设置一条曲折的登山路，寓意"书山有径"（图6-3-11a）。第二，到达山顶还需要经过笔直长廊和长边墙才能进入馆内，经过这段长路亦是认识自然与认识自我的一段过程。第三，馆的整体色调力求纯净（图6-3-11b），馆身通体白色，室内阅读区以白色为主，纯净、简单的色调有助于抚平内心的焦躁，便于安静地阅读。第四，外墙体采用玻璃幕墙，270度面朝大海，内侧墙体布置通高的书架，书架围合形成内部一个小的圆形展陈空间。满墙的主题丰富的书籍、安静的展陈空间给予游客强烈的阅读欲望、充盈的精神食粮。

a 鸟瞰　　　　　　　　　　　　b 屋面

图6-3-11　惠东县"一滴水"图书馆
（图片来源：作者自摄）

参考文献

［1］［清］刘桂年. 惠州府志［M］. 何志成，点校. 广州：广东人民出版社，2016.

［2］惠州市地方志办公室. 惠州历史大事记［G］. 北京：中华书局，2005.

［3］［清］顾祖禹. 读史方舆纪要［M］. 北京：中华书局，2005.

［4］惠州市地方志编纂委员会. 惠州市志［M］. 北京：中华书局，2008.

［5］惠州市惠城区地方志编纂委员会. 惠州志·艺文卷［M］. 北京：中华书局，2004.

［6］惠阳市地方志编纂委员会. 惠阳县志［M］. 广州：广东人民出版社，2003.

［7］龙门县地方志编纂委员会. 龙门县志［M］. 北京：新华出版社，1995.

［8］张友仁. 惠州西湖志［M］. 广州：广东高等教育出版社，1989.

［9］郭焕宇. 近代广东侨乡民居文化比较研究［M］. 北京：中国建筑工业出版社，2022.

［10］王东. 明清广州府传统村落空间审美维度［M］. 北京：中国建筑工业出版社，2022.

［11］唐孝祥. 风景园林美学十五讲［M］. 北京：中国建筑工业出版社，2022.

［12］唐孝祥. 建筑美学十五讲［M］. 北京：中国建筑工业出版社，2017.

［13］温宪元. 广东客家［M］. 桂林：广西师范大学出版社，2011.

［14］冯江. 祖先之翼——明清广州府的开垦、聚族而居与宗族祠堂的衍变［M］. 北京：中国建筑工业出版社，2010.

［15］司徒尚纪. 岭南历史人文地理——广府、客家、福佬民系比较研究［M］. 广州：中山大学出版社，2021.

［16］吴庆洲. 中国古城防洪研究［M］. 北京：中国建筑工业出版社，2009.

［17］杨星星. 清代归善县客家围屋研究［M］. 北京：人民日报出版社，2015.

［18］司徒尚纪. 广东文化地理［M］. 广州：广东人民出版社，1993.

［19］陆琦. 广东民居［M］. 北京：中国建筑工业出版社，2008.

［20］戴志坚. 福建民居［M］. 北京：中国建筑工业出版社，2008.

［21］潘莹. 潮汕民居［M］. 广州：华南理工大学出版社，2013.

［22］汤国华. 岭南湿热气候与传统建筑［M］. 北京：中国建筑工业出版社，2005.

［23］曹春平. 闽南传统建筑［M］. 厦门：厦门大学出版社，2006.

［24］彭长歆. 现代性·地方性——岭南城市与建筑的近代转型［M］. 上海：同济大学
出版社，2012.

［25］赖德霖. 民国礼制建筑与中山纪念［M］. 北京：中国建筑工业出版社，2012.

［26］费正清. 剑桥中华民国史［M］. 上海：上海人民出版社，1992.

［27］王铁崖. 中外旧约章汇编·第二册［M］. 北京：三联书店，1982.

［28］蒋祖缘，方志钦. 简明广东史［M］. 广州：广东人民出版社，1993.

［29］肖自力，陈芳. 陈济棠［M］. 广州：广东人民出版社，2006.

［30］韩建华. 中国近代水泥花砖艺术研究［M］. 北京：中国轻工业出版社，2020.

［31］［清］石涛. 苦瓜和尚画语录［M］. 南京：江苏凤凰文艺出版社，2018.

［32］李允鉌. 华夏意匠［M］. 天津：天津大学出版社，2005.

［33］梅季魁，王奎仁，姚亚雄，罗鹏. 体育建筑设计研究［M］. 北京：中国建筑工业
出版社，2010.

［34］王发志. 岭南学宫［M］. 广州：华南理工大学出版社，2011.

［35］潘谷西. 中国建筑史［M］. 北京：中国建筑工业出版社，2015.

［36］《风雅鹅城》编委会. 风雅鹅城——惠州府城的文化记忆［M］. 广州：羊城晚报
出版社，2021.

［37］公晓莺. 广府地区传统建筑色彩研究［D］. 广州：华南理工大学，2013.

［38］杨星星，赖瑛. 惠阳良井杨氏十三家宗族聚落形态及围屋形制衍变分析［J］. 惠
州学院学报，2012（6）.

［39］陈蕴茜. 建筑中的意识形态与民国中山纪念堂建设运动［J］. 史林，2007（6）.

［40］严昌洪. 民国时期丧葬礼俗的改革与演变［J］. 近代史研究，1998（5）.

［41］包国滔. 东江中上游本地话方言系属的历史考察——以明代归善县为中心［J］.
惠州学院学报，2012（2）.

［42］史学礼，汝宗林. 水磨石的今昔［J］. 石材，2020（9）.

［43］吴元新. 蓝印花布的历史与未来［J］. 民艺，2022（1）.

［44］杨秋华. 社会文化学视域下的民国服饰色彩研究［J］. 服装学报，2022（6）.

［45］［日］藤森照信，张复合. 外廊样式——中国近代建筑的原点［J］. 建筑学报，
1993（5）.

［46］钱学森. 社会主义中国应该建山水城市［J］. 建筑学报，1993（6）.

［47］孟兆祯. 把建设中国特色城市落实到山水城市［J］. 中国园林，2006（12）.

［48］罗桂勤. 南昆山的新生村落——十字水生态度假村［J］. 建筑学报，2009（1）.

［49］秦莹. 从惠州金山湖体育馆项目看体育场馆设计趋势［J］. 广东土木与建筑，
2013（12）.

［50］郭胜. 构筑实现梦想的舞台——惠州市金山湖游泳跳水馆设计［J］. 建筑学报，2007（3）.

［51］戴天晨，吕力. 空间叙事机制探究：程序设计在OMA建筑中的表现和意义［J］. 建筑师，2020（1）.

［52］向科，王扬. 文化建筑中文化性、地域性与时代性的综合叙事——惠州市文化艺术中心、博物馆、科技馆建筑设计方案［J］. 华中建筑，2006（11）.

［53］侯娟. 惠州朝京门城楼陈列展示研究［J］. 文物鉴定与鉴赏，2022（8）.

［54］姜磊，程建军. 惠州东坡祠（故居）复原设计［J］. 华中建筑，2021（1）.

［55］石拓. 惠州丰湖书院建筑复原设计［J］. 华中建筑，2020（1）.

［56］杨泽伟，胡华，冀苏伟、赵佳男. 惠州鹅城大桥主桥总体设计［J］. 世界桥梁，2022（6）.

［57］马晓旭，刘宇嘉，谢纯. 古代惠州西湖演进过程研究［J］. 园林，2022（12）.

后记

　　书稿付梓之日，首先感谢恩师唐孝祥教授的关心与帮助！承蒙恩师厚爱，将本书列入"岭南建筑文化与美学丛书"第二辑。他鼓励我将近年开展的惠州相关课题研究成果进行梳理。我诚惶诚恐，以蠡测海，视"文化地域性格"理论为研究指导，从传统建筑到近代建筑再到现代建筑，拙笔勾勒出眼中惠州建筑从"岭东雄郡"到"粤港澳大湾区东大门"不同时期的模样。个中难免以偏概全、挂一漏万，还请方家指正！

　　有关惠州地域建筑的研究，仍有待不断深化与拓展：第一，本书初步梳理从古代到近代再到现代的惠州建筑发展演变及其动因，但各个时期的城市、村落、建筑等，依然有待系统且深入的研究。第二，本书集中于惠州建筑的探讨，而惠州位处广东汉民族广府、客家、潮汕三大民系交汇处，亦是东江流域中心城市。因此，对惠州与周边地域的建筑在民系文化溯源与流变、流域文化交流与互鉴等方面进行梳理与比较研究，可以进一步拓展岭南地域建筑的研究视野。第三，作为国家历史文化名城，惠州留存丰富且价值较高的建筑遗产，亦成功开展系列保护实践，期待未来更多关于惠州建筑文化遗产保护与城市协同发展的经验与理论总结。

　　居惠十余年来，在东江流域建筑的研究工作中，众多师长、同门、同事、同仁以及学生，给予我在调研、撰写、出版等方面大力支持与协助，点点滴滴，铭记于心，感恩感谢！衷心感谢中国建筑工业出版社提供的出版平台、惠州学院自主创新能力提升计划项目的资助（hzu202025）、亚热带建筑科学国家重点实验室的资助。